工学につながる
数学・物理入門演習

— 技術系公務員 工学の基礎 —

土井 正好【著】

コロナ社

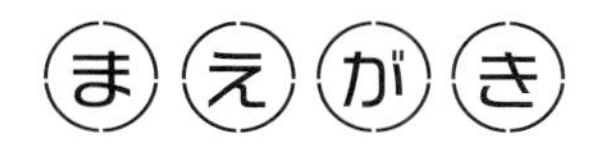

まえがき

私は機械工学科の教員として20年近く勤めています。それ以前は防衛省研究職技官として10年間，さらにその前は2万トン級大型船舶の機関士として勤めました。私は中学校卒業後，高等専門学校に入学したため，工学とのつき合いはもう40年近くなります。私が防衛省で戦闘機のレーダー研究の担当をしていた頃，メーカー技術者は渾身のレーダーを開発しました。技術者が言うには，「レーダー画面には小数点一桁の精度で多数ターゲットとの距離が表示されます」と自信満々でした。しかし，パイロットの感想は「ごめん。見づらい。」と返ってきました。話は変わりますが，私の自宅には特徴の異なる二つのリモコンがあります。一つはテレビとビデオ操作ができるリモコンで，50個以上のボタンがあります。二つ目はYouTubeやNetflixなど4番組が見られる小さなリモコンで，ボタンは10個しかありません。前者のリモコンを操れるのは家族の中では私だけです。何が言いたいかというと，難しい解法能力を競っても，良いものづくりには繋がっていないのでは？と私は疑問に思うのです。複雑な技術は故障確率も上がります。20世紀は「無理をしてでも，月に立ちたい！」と高度技術を競いました。しかし，現在はほどほどに使えるスペックを，省エネルギー・省材料・単純機構で実現できる“スマート技術”が求められています。「Simple is best !」の“スマート技術”です。

私の専門は制御工学ですが，物理や機械工学4力学（材料力学・機械力学・流体力学・熱力学）を大学3年生に教えています。学生らは大学1，2年においてすでに講義で習った内容にもかかわらず，多くの基礎問題を解けません。そこで私は“鉄板の基礎固め”の必要性を痛感しています。本書は，国家公務員採用一般職試験の問題を取り上げました。ただし，実際の過去問では解答が5択になっています。本書には問題解答で用いる公式を集めた公式集も掲載しています。各問題の解答は数式展開だけでなく，解答する前の物理現象のイメージ図を示すように心がけました。公式を記号羅列のまま暗記しても，問題の解法では使えません。物理現象をイメージするように公式を体感できれば，問題を正解へと導けます。

最後に，土井ゼミでは国家公務員一般職に毎年10名以上合格します。国家公務員総合職にも毎年1名は合格します。当大学では卒業生約2000名のうち国家一般職の合格者は土井ゼミ以外で毎年1名しか輩出しません。この実績から本書の効果を信じてもらえればと希望します。「鉄板の基礎知識」を身につけましょう。

2023年11月

土井　正好

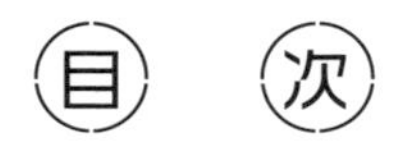

第1章　数　学

第2章　物　理

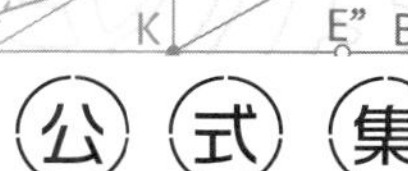

等差数列の和 $s = \dfrac{(\text{初項} + \text{末項}) \times \text{項数}}{2}$

ピタゴラスの定理 $z^2 = x^2 + y^2$

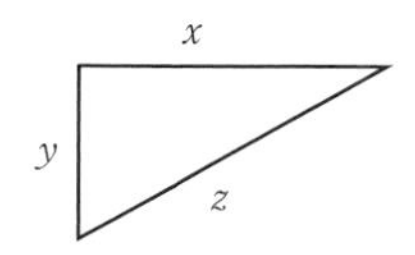

対数 $\log_{10} 12 = \log_{10} 2^2 \times 3 = \log_{10} 2^2 + \log_{10} 3 = 2 \log_{10} 2 + \log_{10} 3$

$= 2 \times 0.301 + 0.477 = 1.079$

$\log_{10} 10 = 1,\ \log_2 2 = 1,\ \log_3 3 = 1$

ベクトル $\overrightarrow{\mathrm{AC}} = t \times \overrightarrow{\mathrm{AB}}$

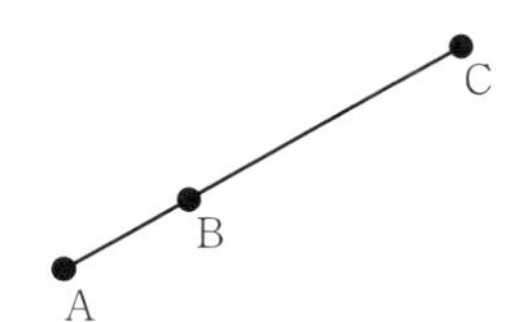

ベクトルの絶対値 $\vec{a} = (x, y)$ のとき，$|\vec{a}| = \sqrt{x^2 + y^2}$

内積 $\vec{a} \cdot \vec{b} = |\vec{a}|\,|\vec{b}| \cos\theta$, $\vec{a}$ と $\vec{b}$ が水平ならば，内積 $\vec{a} \cdot \vec{b} = 1$,
$\vec{a}$ と $\vec{b}$ が垂直ならば，内積 $\vec{a} \cdot \vec{b} = 0$

ベクトルの内積 $\vec{a} = (x_a, y_a)$ および $\vec{b} = (x_b, y_b)$ のとき，
$\vec{a} \cdot \vec{b} = x_a x_b + y_a y_b$

複素数　$i^2 = -1$

三角関数　$\sin^2\theta + \cos^2\theta = 1$，$\tan\theta = \dfrac{\sin\theta}{\cos\theta}$

三角比

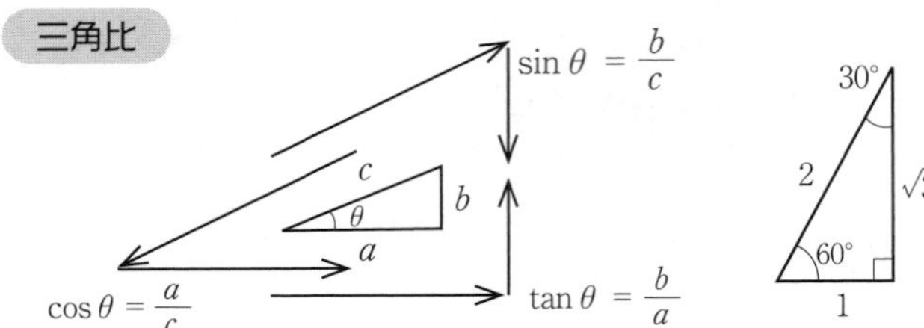

加法定理　$\sin(\alpha + \beta) = \sin\alpha\cos\beta + \cos\alpha\sin\beta$

微分　$y = ax^n$ のとき，$\dfrac{dy}{dx} = a(nx^{n-1})$

$(\sin\omega t)' = \omega\cos\omega t$，$(\cos\omega t)' = -\omega\sin\omega t$

$(uv)' = u'v + uv'$

積分　$\displaystyle\int x^n\,dx = \frac{1}{n+1}x^{n+1} + C$（定数）

$\displaystyle\int \sin x = -\cos x + C,\ \int \cos x = \sin x + C$

対数の微分・積分　$(\log x)' = \dfrac{1}{x}$，$\displaystyle\int \frac{1}{x}\,dx = \log x + C$（定数）

部分積分　$\displaystyle\int f(x)g'(x)\,dx = f(x)g(x) - \int f'(x)g(x)\,dx$

行列式　$\begin{pmatrix} x' \\ y' \end{pmatrix} = \begin{pmatrix} a_{11} & a_{12} \\ a_{21} & a_{22} \end{pmatrix}\begin{pmatrix} x \\ y \end{pmatrix} = \begin{pmatrix} a_{11}x + a_{12}y \\ a_{21}x + a_{22}y \end{pmatrix}$

$$\begin{pmatrix} a_{11} & a_{12} \\ a_{21} & a_{22} \end{pmatrix} + \begin{pmatrix} b_{11} & b_{12} \\ b_{21} & b_{22} \end{pmatrix} = \begin{pmatrix} a_{11}+b_{11} & a_{12}+b_{12} \\ a_{21}+b_{21} & a_{22}+b_{22} \end{pmatrix}$$

$$k\begin{pmatrix} a_{11} & a_{12} \\ a_{21} & a_{22} \end{pmatrix} = \begin{pmatrix} ka_{11} & ka_{12} \\ ka_{21} & ka_{22} \end{pmatrix}$$

$$\begin{pmatrix} a_{11} & a_{12} \\ a_{21} & a_{22} \end{pmatrix} \times \begin{pmatrix} b_{11} & b_{12} \\ b_{21} & b_{22} \end{pmatrix} = \begin{pmatrix} a_{11}b_{11}+a_{12}b_{21} & a_{11}b_{12}+a_{12}b_{22} \\ a_{21}b_{11}+a_{22}b_{21} & a_{21}b_{12}+a_{22}b_{22} \end{pmatrix}$$

回転行列　θ の回転により (x, y) の座標を (x', y') に移す計算

$\begin{pmatrix} x' \\ y' \end{pmatrix} = \begin{pmatrix} \cos\theta & -\sin\theta \\ \sin\theta & \cos\theta \end{pmatrix}\begin{pmatrix} x \\ y \end{pmatrix}$，回転行列は $\begin{pmatrix} \cos\theta & -\sin\theta \\ \sin\theta & \cos\theta \end{pmatrix}$

順列　$_nP_r = \frac{n!}{(n-r)!} = n \times (n-1) \times (n-2) \times \cdots \times (n-r+1)$

グループ分けにおいてグループ内の“並び順も区別する”分け方のパターン数

組み合わせ　$_nC_r = \frac{_nP_r}{r!} = \frac{n!}{r!(n-r)!}$

グループ分けにおいてグループ内の“並び順は区別しない”分け方のパターン数

期待値　$E(x) = x_1 p_1 + x_2 p_2 + \cdots + x_n p_n$

確率変数 x が取る値を $x_1 \cdots x_n$，$x_1 \cdots x_n$ がおのおの起こる確率を $p_1 \cdots p_n$

2次方程式の解　$ax^2 + bx + c = 0$ のとき，$x = \frac{-b \pm \sqrt{b^2 - 4ac}}{2a}$

分散　$V[x]$（分散）$= \sum_{i=1}^{\infty} (x_i - m)\, p(x_i)$，$m$: 平均値，$p(x_i)$: x_i が起こる確率

1.1　数　列

問 題 1

H24 国家一般職

次の条件によって定められる数列 $\{a_n\}$ の第 24 項 a_{24} の値はいくらか。

$a_1 = 1,\ a_{n+1} - a_n = 2n - 1 \quad (n = 1, 2, 3, \cdots)$

題意の法則 $a_{n+1} - a_n = 2n - 1$ を変形する。

$$a_{n+1} = a_n + 2n - 1 \tag{1.1}$$

式 (1.1) によって試しに数列 a_1 ～ a_4 まで算出し列挙する。

$$a_1 = 1,\quad a_2 = 2,\quad a_3 = 5,\quad a_4 = 10,\ \cdots\ a_{23},\qquad a_{24} \tag{1.2}$$

$a_{d1\_2} = 1$（初項）　$a_{d2\_3} = 3$　$a_{d3\_4} = 5$　$a_{d23\_24} = 2 \times 23 - 1 = 45$（末項）

式 (1.2) を見ると数列 a_1 ～ a_n は等差数列でも等比数列でもない。そこで，各数列の差 $a_n - a_{n-1}$ に注目する。ここで a_{d1_2} は a_1 と a_2 の差を表す。また a_{d2_3} は a_2 と a_3 の差を表す。公式

等差数列の和　$s = \dfrac{(\text{初項} + \text{末項}) \times \text{項数}}{2}$

より，本問題は

$$s = \frac{(1 + 45) \times 23}{2} = 529 \tag{1.3}$$

となる。よって，第 24 項 a_{24} の値は，式 (1.2) より

$$a_{24} = a_1 + s = 1 + 529 = \underline{530} \text{ (答)} \tag{1.4}$$

となる。

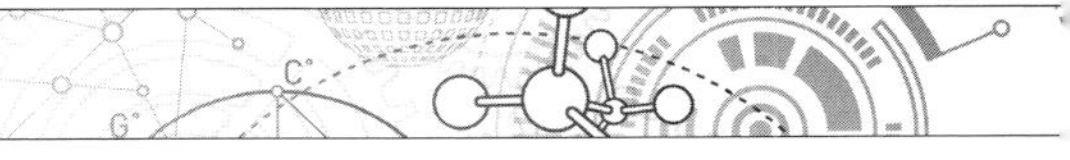

1.2　ピタゴラスの定理

問題 2　　H29 国家一般職

半径が 5 の球に内接する，底面の半径が 4 の直円柱の体積はいくらか。

問題の球を破線，直円柱を実線で描く。

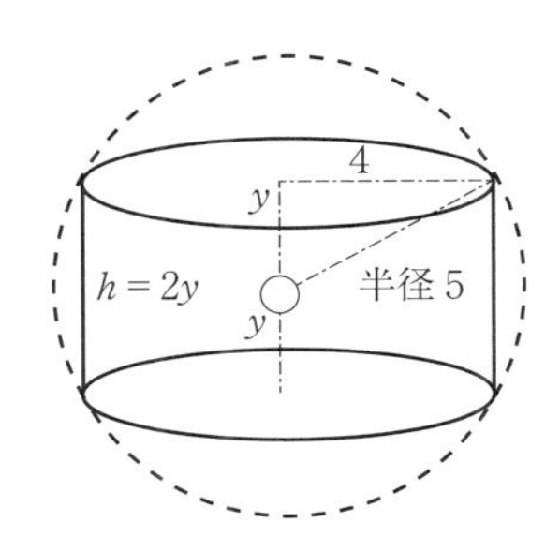

直円柱の高さ h は図より $h = 2y$ である。次に y を公式

ピタゴラスの定理　$z^2 = x^2 + y^2$

より算出する。

$$y = \sqrt{z^2 - x^2} = \sqrt{5^2 - 4^2} = 3 \tag{2.1}$$

直円柱の高さ $h = 2y$ より

$$h = 2y = 6 \tag{2.2}$$

である。よって直円柱の体積は

$$V = \pi r^2 h = \pi \times 4^2 \times 6 = \underline{\underline{96\pi}} \text{ 答} \tag{2.3}$$

を得る。

数・練習問題 1　　R1 国家一般職

球が 1 辺の長さ 4 の正八面体に外接しているとき，この球の半径はいくらか。

1.3 対　数

問題 3　　H30 国家一般職

18^{30} の桁数はいくらか。

18^{30} について 10 を基数とした対数によって表すと桁数がわかる。

公式

対数　$\log_{10}12 = \log_{10}2^2 \times 3 = \log_{10}2^2 + \log_{10}3 = 2\log_{10}2 + \log_{10}3$
$= 2 \times 0.301 + 0.477 = 1.079$

を参考にして本問題の $\log_{10}18^{30}$ を計算する。

$$\log_{10}18^{30} = 30\log_{10}18 = 30\log_{10}(2 \times 3^2) = 30\log_{10}2 + 30 \times 2\log_{10}3$$
$$= 30 \times 0.301 + 60 \times 0.477 = 37.65 \cong \underline{38}\ \text{(答)} \qquad (3.1)$$

数・練習問題 2　　R1 国家一般職

△ABC において，AB = 4，AC = 3，BC = 5 とする。∠BAC の二等分線と辺 BC との交点を D とするとき，線分 AD の長さはいくらか。

問 題 4

H26 国家一般職

$9^{\log_3 2}$ はいくらか。

公式

対数 $\log_{10}12 = \log_{10}2^2 \times 3 = \log_{10}2^2 + \log_{10}3 = 2\log_{10}2 + \log_{10}3$
$= 2 \times 0.301 + 0.477 = 1.079$
$\log_{10}10 = 1,\ \log_2 2 = 1,\ \log_3 3 = 1$

を参考にして本問題の $9^{\log_3 2}$ を計算する。

$$9^{\log_3 2} = 3^{2\log_3 2} = 3^{\log_3 2^2} = x \tag{4.1}$$

として，式 (4.1) の x を対数とする。

$$\log_3 x = \log_3 3^{\log_3 2^2} = \log_3 2^2 \log_3 3 \tag{4.2}$$

式 (4.2) 中の左辺・右辺の対数内を比較する。

$$x = 2^2 \tag{4.3}$$

これより

$$x = \underline{4}\ (答) \tag{4.4}$$

を得る。

数・練習問題 3

R2 国家一般職

図のように，辺の長さ 2，$\sqrt{3}$，$\sqrt{3}$ の二等辺三角形で全ての面が構成される四面体の体積はいくらか。

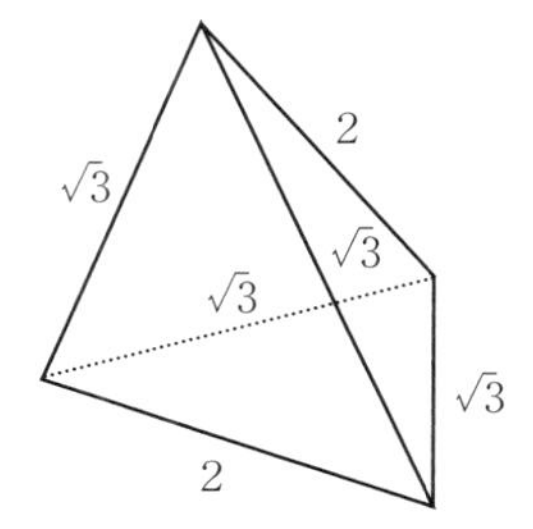

問題5

H24 国家一般職

$(\log_3 x)^2 - \log_3 x - 6 = 0$ の実数解を挙げているのはどれか。

1. $\frac{1}{9}$, 27　2. $\frac{1}{27}$, 27　3. $\frac{1}{27}$, 9

4. $\frac{1}{81}$, 27　5. $\frac{1}{81}$, 9

$\frac{1}{9}, \frac{1}{27}, \frac{1}{81}$, 9, 27 の5数値について題意の数式が成立するか検証する。

$(\log_3 x)^2 - \log_3 x - 6 = 0$ が成立すれば実数解である。

公式

対数　$\log_{10}12 = \log_{10}2^2 \times 3 = \log_{10}2^2 + \log_{10}3 = 2\log_{10}2 + \log_{10}3$

$= 2 \times 0.301 + 0.477 = 1.079$

$\log_{10}10 = 1,\ \log_2 2 = 1,\ \log_3 3 = 1$

を参考にして計算する。

$x = \frac{1}{9}$ の場合：

$$\left(\log_3 \frac{1}{9}\right)^2 - \log_3 \frac{1}{9} - 6$$

$$= \left(\log_3 \frac{1}{3^2}\right)^2 - \log_3 \frac{1}{3^2} - 6$$

$$= (-2\log_3 3)^2 - (-2\log_3 3) - 6 = 4\log_3 3 - (-2\log_3 3) - 6$$

$$= 4 - (-2) - 6 = 0 \tag{5.1}$$

$x = \frac{1}{27}$ の場合：

$$\left(\log_3 \frac{1}{27}\right)^2 - \log_3 \frac{1}{27} - 6$$

$$= \left(\log_3 \frac{1}{3^3}\right)^2 - \log_3 \frac{1}{3^3} - 6$$

$$= (-3\log_3 3)^2 - (-3\log_3 3) - 6 = 9\log_3 3 - (-3\log_3 3) - 6$$
$$= 9 - (-3) - 6 = 6 \neq 0 \tag{5.2}$$

$x = \dfrac{1}{81}$ の場合：

$$\left(\log_3 \frac{1}{81}\right)^2 - \log_3 \frac{1}{81} - 6$$
$$= \left(\log_3 \frac{1}{3^4}\right)^2 - \log_3 \frac{1}{3^4} - 6$$
$$= (-4\log_3 3)^2 - (-4\log_3 3) - 6 = 16\log_3 3 - (-4\log_3 3) - 6$$
$$= 16 - (-4) - 6 = 14 \neq 0 \tag{5.3}$$

$x = 9$ の場合：

$$(\log_3 9)^2 - \log_3 9 - 6$$
$$= (\log_3 3^2)^2 - \log_3 3^2 - 6$$
$$= \log_3 3^4 - 2\log_3 3 - 6 = 4\log_3 3 - 2\log_3 3 - 6$$
$$= 4 - 2 - 6 = -4 \neq 0 \tag{5.4}$$

$x = 27$ の場合：

$$(\log_3 27)^2 - \log_3 27 - 6$$
$$= (\log_3 3^3)^2 - \log_3 3^3 - 6$$
$$= (3\log_3 3)^2 - 3\log_3 3 - 6 = 3^2 - 3 - 6 = 0 \tag{5.5}$$

式 (5.1) および式 (5.5) より，$x = \dfrac{1}{9}$ および $x = 27$ のとき実数解を得る。よって選択肢「１」が正解である。

1.4　ベクトル

問題 6

H26 国家一般職

xyz 空間において，3 点 A$(-1, -5, 4)$，B$(2, 1, 1)$，C$(a, b, 0)$ が一直線上にあるとき，a, b の係数はいくらか。

3 点 A, B, C について $\overrightarrow{AB}$ および $\overrightarrow{AC}$ を算出する。

$$\overrightarrow{AB} = (3, 6, -3) \tag{6.1}$$

$$\overrightarrow{AC} = (a+1, b+5, -5) \tag{6.2}$$

本問題の A, B, C は一直線上なので，公式

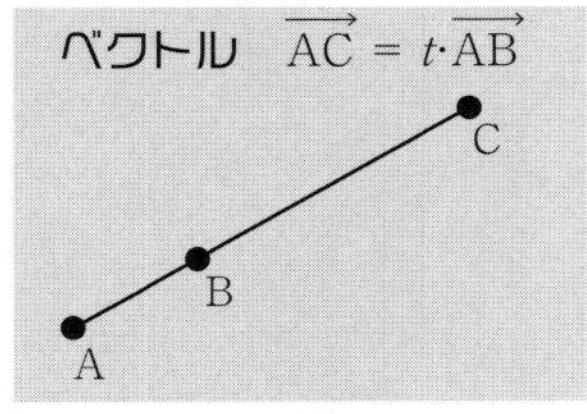

に代入して

$$x \text{座標に関して}\quad 3t = a + 1 \tag{6.3}$$

$$y \text{座標に関して}\quad 6t = b + 5 \tag{6.4}$$

$$z \text{座標に関して}\quad -3t = -5 \tag{6.5}$$

を得る。式 (6.3)，(6.4)，(6.5) の 3 式について連立方程式を解く。式 (6.5) より

$$t = \frac{5}{3} \tag{6.6}$$

を得る。式 (6.6) を式 (6.3)，(6.4) に代入し，式 (6.3)，(6.4) の連立方程式を解く。

$$\underline{a = 4,\ b = 5}\ \text{(答)} \tag{6.7}$$

問題 7

H24 国家一般職

二つのベクトル $\vec{a} = (1, -2)$, $\vec{b} = (2, x)$ について，$\vec{a} + 2\vec{b}$ と $3\vec{a} - \vec{b}$ が平行になるときの x の値はいくらか。

$\vec{a} + 2\vec{b}$ と $3\vec{a} - \vec{b}$ が平行であることから，公式

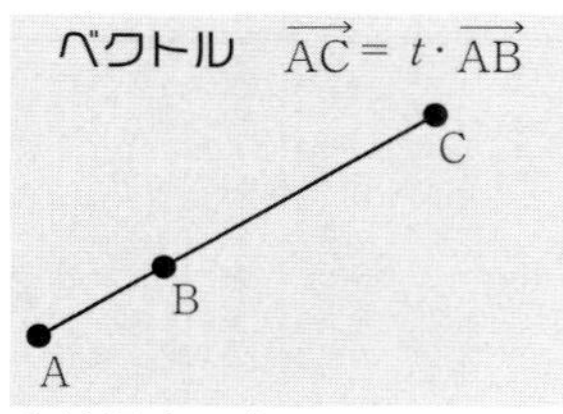

を適用すると

$$\vec{a} + 2\vec{b} = t \cdot (3\vec{a} - \vec{b}) \tag{7.1}$$

が成り立つ。式 (7.1) 左辺に題意の $\vec{a} = (1, -2)$, $\vec{b} = (2, x)$ を代入する。

$$(1, -2) + 2(2, x) = (5, -2 + 2x) \tag{7.2}$$

次に式 (7.1) 右辺に題意の $\vec{a} = (1, -2)$, $\vec{b} = (2, x)$ を代入する。

$$t\{3(1, -2) - (2, x)\} = t(1, -6 - x) = (t, -6t - tx) \tag{7.3}$$

式 (7.2) と式 (7.3) は等しいことから

$$(5, -2 + 2x) = (t, -6t - tx) \tag{7.4}$$

を得る。式 (7.4) 左辺と右辺の x 座標を比較すると

$$t = 5 \tag{7.5}$$

を得る。次に式 (7.4) 右辺 y 座標に $t = 5$ を代入する。

$$-6t - tx = -6 \cdot 5 - 5x = -30 - 5x \tag{7.6}$$

式 (7.4) 左辺 y 座標と式 (7.6) を比較し，x を導出する。

$$-2 + 2x = -30 - 5x \rightarrow 7x = -28 \rightarrow \underline{\underline{x = -4}} \text{ (答)} \tag{7.7}$$

1.5 内　積

問題 8

H27 国家一般職

ベクトルに関する次の記述の㋐，㋑に当てはまる数値を求めよ。

「ベクトル $|\vec{a}| = 1$，$|\vec{b}| = 2$ で，ベクトル $\vec{a} + \vec{b}$ と $5\vec{a} - 2\vec{b}$ が垂直であるとき，内積 $\vec{a} \cdot \vec{b}$ は［　㋐　］となる。このとき $\vec{a}$ と $\vec{b}$ のなす角 θ は［　㋑　］となる。」

公式

内積　$\vec{a}$ と $\vec{b}$ が垂直ならば，内積 $\vec{a} \cdot \vec{b} = 0$

を用いて

$$(\vec{a} + \vec{b}) \cdot (5\vec{a} - 2\vec{b}) = 0 \tag{8.1}$$

と表される。式 (8.1) を展開する。

$$5|\vec{a}|^2 - 2\vec{a} \cdot \vec{b} + 5\vec{a} \cdot \vec{b} - 2|\vec{b}|^2 = 0 \tag{8.2}$$

式 (8.2) を変形し，$\vec{a} \cdot \vec{b}$ について導出する。

$$\vec{a} \cdot \vec{b} = \frac{-5|\vec{a}|^2 + 2|\vec{b}|^2}{3} \tag{8.3}$$

式 (8.3) について題意の $|\vec{a}| = 1$，$|\vec{b}| = 2$ を代入する。

$$\vec{a} \cdot \vec{b} = \frac{-5 \times 1^2 + 2 \times 2^2}{3} = \underline{\underline{1}} \text{ (答) ㋐} \tag{8.4}$$

公式

内積　$\vec{a} \cdot \vec{b} = |\vec{a}||\vec{b}| \cos\theta$

を変形し，題意の $|\vec{a}| = 1, |\vec{b}| = 2$ および式 (8.4) の $\vec{a} \cdot \vec{b} = 1$ を代入する。

$$\cos\theta = \frac{\vec{a} \cdot \vec{b}}{|\vec{a}||\vec{b}|} = \frac{1}{1 \times 2} = \frac{1}{2} \tag{8.5}$$

$$\theta = 60° = \underline{\underline{\frac{\pi}{3}}} \text{ (答) ㋑} \tag{8.6}$$

問題 9

H25 国家一般職

平面上のベクトル$|\vec{a}| = (-1,\ -1)$と$|\vec{b}| = (1+\sqrt{3},\ -1+\sqrt{3})$のなす角$\theta$はいくらか。ただし$0° < \theta < 180°$とする。

公式

ベクトルの絶対値　$\vec{a} = (x, y)$ のとき，$|\vec{a}| = \sqrt{x^2 + y^2}$

を用いて

$$|\vec{a}| = \sqrt{(-1)^2 + (-1)^2} = \sqrt{2},\ |\vec{b}| = \sqrt{(1+\sqrt{3})^2 + (-1+\sqrt{3})^2} = \sqrt{8} = 2\sqrt{2} \tag{9.1}$$

公式

内積　$\vec{a} \cdot \vec{b} = |\vec{a}||\vec{b}|\cos\theta$

を変形し

$$\cos\theta = \frac{\vec{a} \cdot \vec{b}}{|\vec{a}||\vec{b}|} \tag{9.2}$$

を得る。式(9.2)の内積$\vec{a} \cdot \vec{b}$について公式

ベクトルの内積　$\vec{a} = (x_a, y_a)$ および $\vec{b} = (x_b, y_b)$ のとき，
$\vec{a} \cdot \vec{b} = x_a x_b + y_a y_b$

を用いて，題意の内積

$$\vec{a} \cdot \vec{b} = (-1)(1+\sqrt{3}) + (-1)(-1+\sqrt{3}) = -2\sqrt{3} \tag{9.3}$$

を得る。式(9.1)の$|\vec{a}| = \sqrt{2}$, $|\vec{b}| = 2\sqrt{2}$ および式(9.3)の$\vec{a} \cdot \vec{b} = -2\sqrt{3}$を式(9.2)に代入する。

$$\cos\theta = \frac{-2\sqrt{3}}{\sqrt{2} \times 2\sqrt{2}} = -\frac{\sqrt{3}}{2} \tag{9.4}$$

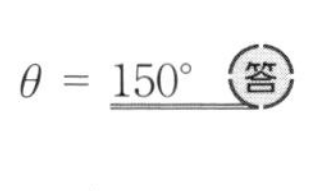

$\theta = \underline{\underline{150°}}$ 答

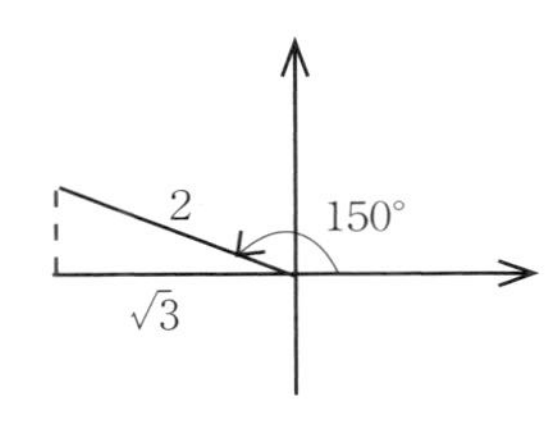

1.6 複素数

問題 10

H25 国家一般職

複素数 $\alpha = 1 - \sqrt{3}\,i$（i は虚数単位）において，α^n が実数となるための正の整数 n の条件として正しいのはどれか。ただし，k は正の整数とする。$0° < \theta < 180°$ とする。

公式

複素数 $i^2 = -1$

を用いて，α^2 と α^3 を算出する。

$$\alpha^2 = (1 - \sqrt{3}i)^2 = 1 - 2\sqrt{3}i - 3 = -2 - 2\sqrt{3}i \tag{10.1}$$

$$\begin{aligned}\alpha^3 &= \alpha^2 \times \alpha = (1 - \sqrt{3}i)^2 \times (1 - \sqrt{3}i) = (-2 - 2\sqrt{3}i)(1 - \sqrt{3}i) \\ &= -2 - 2\sqrt{3}i + 2\sqrt{3}i - 6 = -8\end{aligned} \tag{10.2}$$

式 (10.2) より，α^3 は実数となる。よって3乗の倍数 α^{3k} であれば実数となる。これより

$$\underline{n = 3k} \ (答) \tag{10.3}$$

である。

数・練習問題 4

H29 国家一般職

$x = \dfrac{1 - \sqrt{3}i}{1 + \sqrt{3}i}$，$y = \dfrac{1 + \sqrt{3}i}{1 - \sqrt{3}i}$ のとき，$x^3 + y^3$ の値はいくらか。

1.7 三角関数

問題 11

H28 国家一般職

$\tan\theta = 3$ が実数のとき，$\dfrac{2}{1+\sin\theta} + \dfrac{2}{1-\sin\theta}$ の値はいくらか。

本問題の式を通分する。

$$\frac{2}{1+\sin\theta} + \frac{2}{1-\sin\theta} = \frac{2(1-\sin\theta)+2(1+\sin\theta)}{(1+\sin\theta)(1-\sin\theta)}$$

$$= \frac{2-2\sin\theta+2+2\sin\theta}{(1+\sin\theta)(1-\sin\theta)} = \frac{4}{1-\sin^2\theta} \tag{11.1}$$

式 (11.1) の分母 $1-\sin^2\theta$ について公式

三角関数 $\sin^2\theta + \cos^2\theta = 1$

を用いる。

$$\frac{4}{1-\sin^2\theta} = \frac{4}{\cos^2\theta} \tag{11.2}$$

題意の $\tan\theta = 3$ について，本問題の三角関数は公式

ピタゴラスの定理 $z^2 = x^2 + y^2$

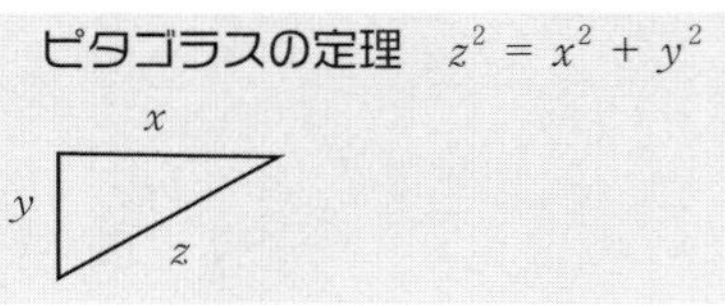

を用いて斜線 z を算出する。

$$z = \sqrt{(1^2+3^2)} = \sqrt{10} \tag{11.3}$$

よって本問題の三角関数は下図となる。

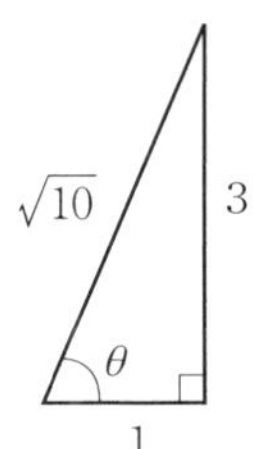

本問題において $\cos\theta$ は公式

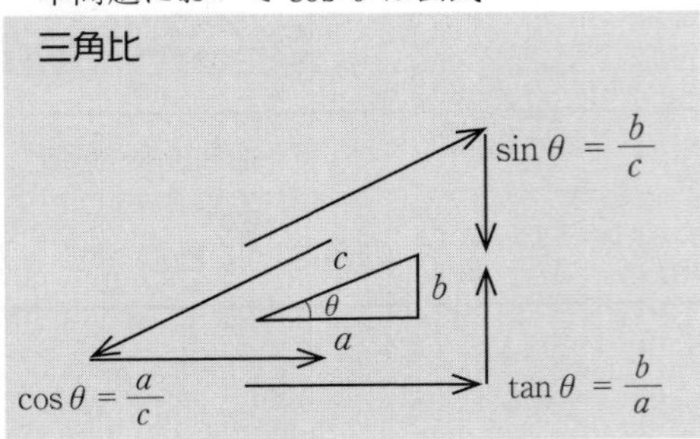

を用いて，$\cos\theta = \dfrac{1}{\sqrt{10}}$ である。よって式 (11.2) は

$$\frac{4}{\cos^2\theta} = \frac{4}{\left(\dfrac{1}{\sqrt{10}}\right)^2} = 4 \times 10 = \underline{\underline{40}} \text{ (答)} \qquad (11.4)$$

を導出する。

数・練習問題 5　　H28 国家一般職

2次方程式 $x^2 + 5x + 7 = 0$ の二つの解を，α と β とするとき，$(\alpha^2 + 7\alpha + 12)(\beta^2 + 7\beta + 12)$ の値はいくらか。

問題 12

H27 国家一般職

三角関数に関する次の記述の㋐，㋑に当てはまる数式および数値を求めよ。

「三角関数の加法定理より，$\sin(\alpha+\beta)$ ＝ [㋐] が成り立つ。これを用いると，$\cos 45^\circ \ \sin 75^\circ$ [㋑] と計算できる。」

公式

加法定理　$\sin(\alpha+\beta)=\sin\alpha\cos\beta+\cos\alpha\sin\beta$

より，㋐は

$$\underline{\sin\alpha\cos\beta+\cos\alpha\sin\beta} \quad (答) ㋐ \tag{12.1}$$

である。次に題意の $\cos 45^\circ \ \sin 75^\circ$ について $\sin 75^\circ=\sin(45^\circ+30^\circ)$ として公式の加法定理を適用する。

$$\begin{aligned}
\cos 45^\circ \ \sin 75^\circ &= \cos 45^\circ \ \sin(45^\circ+30^\circ)\\
&= \cos 45^\circ \ \{\sin 45^\circ \ \cos 30^\circ + \cos 45^\circ \ \sin 30^\circ\}\\
&= \frac{\sqrt{2}}{2}\left\{\frac{\sqrt{2}}{2}\frac{\sqrt{3}}{2}+\frac{\sqrt{2}}{2}\frac{1}{2}\right\}=\frac{\sqrt{2}}{2}\left\{\frac{\sqrt{6}}{4}+\frac{\sqrt{2}}{4}\right\}=\frac{2}{8}+\frac{\sqrt{12}}{8}\\
&= \underline{\frac{1+\sqrt{3}}{4}} \quad (答) ㋑
\end{aligned} \tag{12.2}$$

数・練習問題 6

H28 国家一般職

図において，線分 AR，RC の長さはそれぞれ 3，2 である。また，線分 AQ は△ ABC の頂点 A における外角の二等分線であり，線分 PC と線分 AQ は平行である。このとき，線分 AB の長さはいくらか。

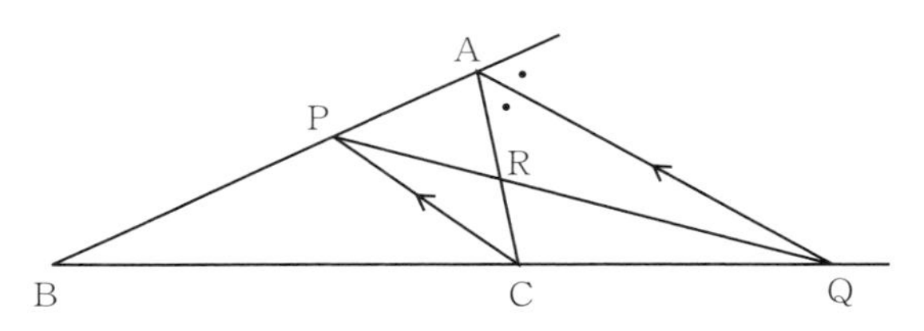

問題13

H26 国家一般職

$\sin\theta + \cos\theta = a$（$a$ は定数）のとき $\sin\theta\ \cos\theta$ および $\sin\theta - \cos\theta$ はいくらか。

問題の $\sin\theta + \cos\theta = a$ について両辺を2乗する。

$$(\sin\theta + \cos\theta)^2 = a^2 \tag{13.1}$$

左辺を展開する。

$$\sin^2\theta + 2\sin\theta\ \cos\theta + \cos^2\theta = a^2 \tag{13.2}$$

式 (13.2) を $\sin\theta\ \cos\theta$ について導出する。

$$\sin\theta\ \cos\theta = \frac{a^2 - (\sin^2\theta + \cos^2\theta)}{2} \tag{13.3}$$

式 (13.3) 中の $\sin^2\theta + \cos^2\theta$ に公式

三角関数　$\sin^2\theta + \cos^2\theta = 1$

を適用する。

$$\sin\theta\ \cos\theta = \frac{a^2 - 1}{2} \quad \text{(答)} \tag{13.4}$$

次に求めたい $\sin\theta - \cos\theta$ を2乗して展開する。

$$(\sin\theta - \cos\theta)^2 = \sin^2\theta - 2\sin\theta\ \cos\theta + \cos^2\theta \tag{13.5}$$

式 (13.5) に公式

三角関数　$\sin^2\theta + \cos^2\theta = 1$

を適用する。

$$(\sin\theta - \cos\theta)^2 = 1 - 2\sin\theta\ \cos\theta \tag{13.6}$$

式 (13.6) 中の $\sin\theta\ \cos\theta$ に解答式 (13.4) を代入する。

$$(\sin\theta - \cos\theta)^2 = 1 - 2\frac{a^2 - 1}{2} = 2 - a^2 \tag{13.7}$$

式 (13.7) を $\sin\theta - \cos\theta$ について導出する。

$$\sin\theta - \cos\theta = \pm\sqrt{(2 - a^2)} \quad \text{(答)} \tag{13.8}$$

問題 14

H24 国家一般職

$\sin^2\theta = \cos\theta$ であるとき，$\dfrac{1}{1-\cos\theta} - \dfrac{1}{1+\cos\theta}$ の値はいくらか。

問題の $\dfrac{1}{1-\cos\theta} - \dfrac{1}{1+\cos\theta}$ を通分する。

$$\frac{1}{1-\cos\theta} - \frac{1}{1+\cos\theta} = \frac{1+\cos\theta-(1-\cos\theta)}{(1-\cos\theta)(1+\cos\theta)}$$

$$= \frac{2\cos\theta}{1-\cos^2\theta} \qquad (14.1)$$

式 (14.1) の分子 $2\cos\theta$ に題意の $\sin^2\theta = \cos\theta$ を代入する。

$$\frac{1}{1-\cos\theta} - \frac{1}{1+\cos\theta} = \frac{2\cos\theta}{1-\cos^2\theta} = \frac{2\sin^2\theta}{1-\cos^2\theta} \qquad (14.2)$$

式 (14.2) の分母 $\cos^2\theta$ に公式

三角関数　$\sin^2\theta + \cos^2\theta = 1$

を変形した $\cos^2\theta = 1 - \sin^2\theta$ を代入する。

$$\frac{1}{1-\cos\theta} - \frac{1}{1+\cos\theta} = \frac{2\sin^2\theta}{1-\cos^2\theta} = \frac{2\sin^2\theta}{1-(1-\sin^2\theta)}$$

$$= \frac{2\sin^2\theta}{\sin^2\theta} = \underline{2} \text{ (答)} \qquad (14.3)$$

1.8　極　限

問 題 15

H25 国家一般職

$\lim_{x \to \infty} \frac{[3x]-1}{4x}$ はいくらか。

ただし，$[x]$ は x を超えない最大の整数を表す。

問題の $\frac{[3x]-1}{4x}$ の分母と分子に $\frac{1}{x}$ をかける。

$$\frac{[3x]-1}{4x} = \frac{([3x]-1)\times\frac{1}{x}}{4x \times \frac{1}{x}} = \frac{\left[3\frac{x}{x}\right]-\frac{1}{x}}{4\frac{x}{x}} = \frac{3-\frac{1}{x}}{4} \tag{15.1}$$

式 (15.1) について $x \to \infty$ の極限を計算する。

$$\lim_{x \to \infty} \frac{[3x]-1}{4x} = \lim_{x \to \infty} \frac{3-\frac{1}{x}}{4} = \frac{3-\frac{1}{\infty}}{4} = \frac{3-0}{4} = \frac{3}{4} \text{（答）} \tag{15.2}$$

1.9 微　分

問題16　　H26 国家一般職

底面が正三角形で体積が 54 である三角柱の表面積が最小となるときの底面の一辺の長さはいくらか。

下図のように正三角形の一辺を a，三角柱の高さを h とする。

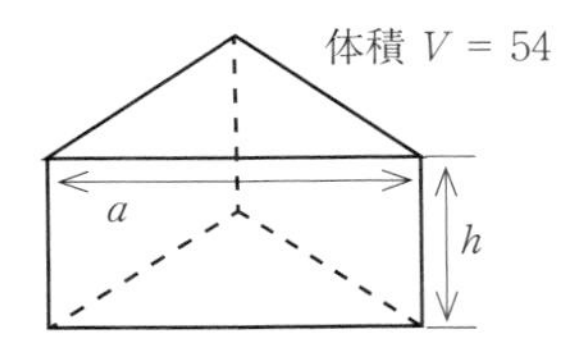

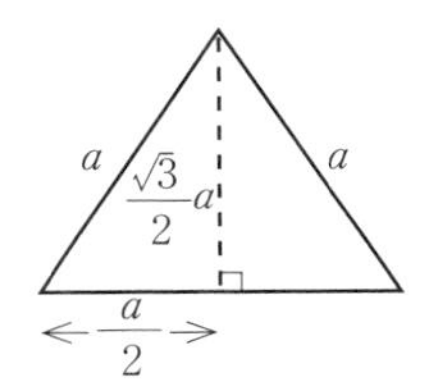

正三角形の面積 S_{Δ}を求める。

$$S_{\Delta} = a \times \frac{\sqrt{3}}{2} a \times \frac{1}{2} = \frac{\sqrt{3}}{4} a^2 \tag{16.1}$$

正三角柱の体積 V を求める。

$$V = 54 = \frac{\sqrt{3}}{4} a^2 \times h = \frac{\sqrt{3}}{4} a^2 h \tag{16.2}$$

式 (16.2) を h について導出する。

$$h = \frac{216}{\sqrt{3}\,a^2} = \frac{72\sqrt{3}}{a^2} \tag{16.3}$$

次に，表面積 S は正三角形の底面× 2，長方形の側面× 3 および式 (16.3) の h を代入して求める。

$$S = 2 \times \frac{\sqrt{3}}{4} a^2 + 3 \times ah = \frac{\sqrt{3}}{2} a^2 + 3ah = \frac{\sqrt{3}}{2} a^2 + 216\sqrt{3}\,a^{-1} \tag{16.4}$$

公式

微分　$y = ax^n$ のとき，$\frac{dy}{dx} = a(nx^{n-1})$

を用いて，式 (16.4) を a で微分して表面積 S が最小値となる a を求める。

$$S' = \frac{\sqrt{3}}{2}(2a) - 216\sqrt{3}a^{-2} = 0 \tag{16.5}$$

$$a^3 = \frac{216\sqrt{3}}{\sqrt{3}} = 216 \tag{16.6}$$

$$a = \sqrt[3]{216} = \underline{\underline{6}}\ \text{(答)} \tag{16.7}$$

1.10　偏微分

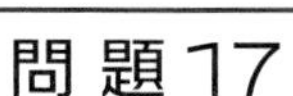

問 題 17

H26 国家一般職

$f(x,y) = x^3y + x^2y^2 + y^2$ のとき，$\frac{\partial}{\partial y}\left(\frac{\partial f}{\partial x}\right)$ および $\frac{\partial}{\partial y}\left(\frac{\partial f}{\partial y}\right)$ はいくらか。

$\frac{\partial}{\partial y}\left(\frac{\partial f}{\partial x}\right)$ は，$f(x,y)$ をまず $\frac{\partial f}{\partial x}$ の x で微分し，次に $\frac{\partial}{\partial y}$ について y で微分する。

$$\frac{\partial}{\partial y}\left(\frac{\partial f}{\partial x}\right) = \frac{\partial}{\partial y}(3x^2y + 2xy^2)$$

$$= 3x^2 + 2x2y = \underline{3x^2 + 4xy} \text{ 答} \qquad (17.1)$$

次に，$\frac{\partial}{\partial x}\left(\frac{\partial f}{\partial y}\right)$ は，$f(x,y)$ をまず $\frac{\partial f}{\partial y}$ の y で微分し，次に $\frac{\partial}{\partial x}$ について x で微分する。

$$\frac{\partial}{\partial y}\left(\frac{\partial f}{\partial x}\right) = \frac{\partial}{\partial y}(x^3 + 2x^2y + 2y)$$

$$= \underline{3x^2 + 4xy} \text{ 答} \qquad (17.2)$$

数・練習問題 7

R4 国家一般職

t を実数とし，$x(t)=e^{3t}$，$y(t) = te^{2t}$ のとき，導関数 $\frac{\partial y}{\partial y}$ を t で表した式を求めよ。

1.11　微分方程式

問題18

H28 国家一般職

$\dfrac{dy}{dx}=\dfrac{(x+1)y}{x}$ の解はいくらか。ただし，$x=1$ のとき $y=e$ とする。

問題の $\dfrac{dy}{dx}=\dfrac{(x+1)y}{x}$ について左辺を y，右辺を x に固める。

$$\frac{dy}{y}=\frac{(x+1)dx}{x} \tag{18.1}$$

式 (18.1) について両辺を積分する。

$$\int\frac{1}{y}dy = \int\left(1+\frac{1}{x}\right)dx \tag{18.2}$$

公式

積分　$\int x^n\,dx=\dfrac{1}{n+1}x^{n+1}+C$ (定数)

対数の微分・積分　$(\log x)'=\dfrac{1}{x}$，$\int\dfrac{1}{x}dx=\log x+C$ (定数)

より

$$\log y = x+\log x + C \tag{18.3}$$

$$\log\frac{y}{x} = x+C \tag{18.4}$$

$$e^{x+C}=\frac{y}{x} \tag{18.5}$$

$$Cxe^x = y \tag{18.6}$$

$$y = xe^x + C' \tag{18.7}$$

題意の $x=1$ と $y=e$ を式 (18.7) に代入する。

$$e = e^1 + C' \tag{18.8}$$

式 (18.8) より

$$C' = 0 \tag{18.9}$$

を得る。よって，式 (18.7) は

$$\underline{\underline{y = xe^x}} \text{ (答)} \tag{18.10}$$

となる。

1.12 積　分

問題19

H29 国家一般職

$y = x^2$, $x = 1$ および x 軸で囲まれた xy 平面上の領域を，y 軸まわりに 1 回転してできる立体の体積はいくらか。

$y = x^2$, $x = 1$ および x 軸で囲まれた xy 平面上の領域を下図に示す。

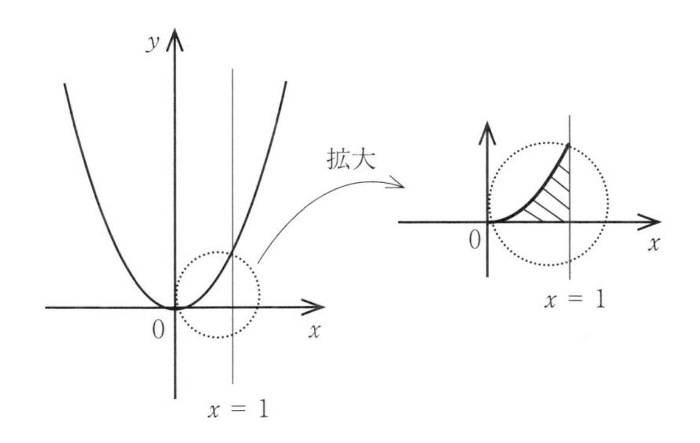

図の斜線領域を y 軸回りに 1 回転してできる図形の体積は以下となる。

$$V = 2\pi \int_0^1 \underbrace{x}_{\text{半径}} \underbrace{x^2}_{\text{高さ}y} dx = 2\pi \int_0^1 x^3 \, dx \tag{19.1}$$

なお式 (19.1) は $2\pi x$ の円周を算出し，その円周上の高さ y をかけてその円周上の体積が求まる。さらに x 軸の 0 から 1 まで積分することで図形の体積 V が求まる。

$$V = 2\pi \left[\frac{x^4}{4} \right]_0^1 = \frac{\pi}{2} \quad \text{(答)} \tag{19.2}$$

問題20

H28 国家一般職

定積分$\int_{-5}^{5}\left(12x^2\sin\frac{\pi x}{2}-12x^3+3x^2\right)dx$の値はいくらか。

公式

積分　$\int x^n\,dx=\frac{1}{n+1}x^{n+1}+C$（定数）

$\int\sin x=-\cos x+C,\int\cos x=\sin x+C$

より

$$\int_{-5}^{5}\left(12x^2\sin\frac{\pi x}{2}-12x^3+3x^2\right)dx$$

$$=\left[-\frac{12}{3}x^3\cos\frac{\pi x}{2}-\frac{12}{4}x^4+\frac{3}{3}x^3\right]_{-5}^{5}=\left[-4x^3\cos\frac{\pi x}{2}-3x^4+x^3\right]_{-5}^{5}$$

$$=5^3-(-5)^3=\underline{250}\text{（答）}\tag{20.1}$$

を得る。ここで式(20.1)の第3式の計算で$\frac{5\pi}{2}=\frac{\pi}{2}$なので，$-4x^3\cos\frac{\pi x}{2}$項は0，$-3x^4$の項もまた0となる。

数・練習問題8

R2 国家一般職

五つの値45，65，50，55，35の分散はいくらか。

※基本問題に類題なし，公式あり

問題21

H27 国家一般職

区間 $0 \leq x \leq 2\pi$ において，二つの曲線 $y = \sin x$，$y = \cos x$ のみで囲まれた部分の面積はいくらか。

問題の二つの曲線 $y = \sin x$，$y = \cos x$ のみで囲まれた部分の面積を下図に描く。

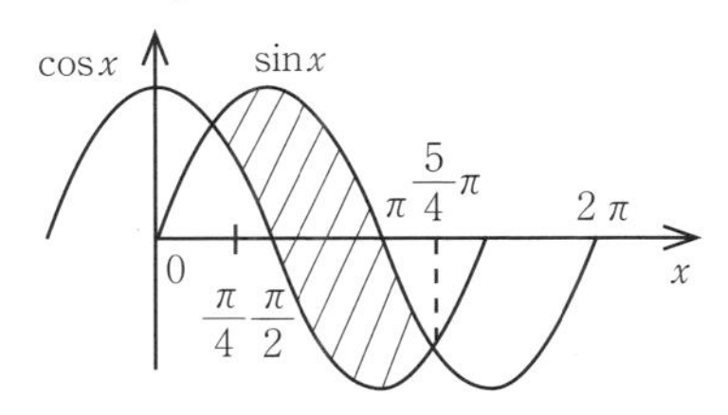

斜線の面積は $y = \sin x$ の積分から $y = \cos x$ の積分を引くことで算出できる。そこで積分の公式

積分 $\int \sin x = -\cos x + C,\ \int \cos x = \sin x + C$

より

$$\int_{\frac{\pi}{4}}^{\frac{5}{4}\pi} \sin x\, dx - \int_{\frac{\pi}{4}}^{\frac{5}{4}\pi} \cos x\, dx$$

$$= \int_{\frac{\pi}{4}}^{\frac{5}{4}\pi} (\sin x - \cos x) dx$$

$$= [\cos x - \sin x]_{\frac{\pi}{4}}^{\frac{5}{4}\pi} = (-\cos 225^\circ - \sin 225^\circ) - (-\cos 45^\circ - \sin 45^\circ)$$

$$= \left(\frac{1}{\sqrt{2}} + \frac{1}{\sqrt{2}}\right) - \left(-\frac{1}{\sqrt{2}} - \frac{1}{\sqrt{2}}\right) = \frac{4}{\sqrt{2}} = \underline{\underline{2\sqrt{2}}} \text{ (答)} \tag{21.1}$$

が求まる。ここで，cos 225°，sin 225°，cos 45°，sin 45° は下図のように表される。

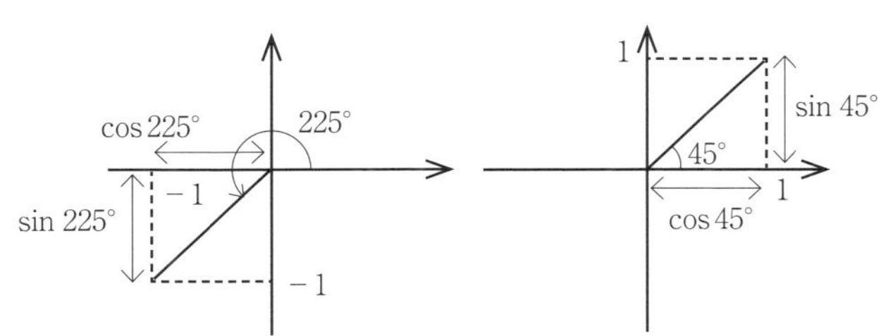

問題22

H24 国家一般職

曲線 $y = x^2 - 2x$ と x 軸で囲まれた図形を，x 軸まわりに一回転させてできる立体の体積はいくらか。

曲線 $y = x^2 - 2x$ は $y = x(x-2)$ である。よって $x = 0,\ 2$ が x 軸との交点である。曲線 $y = x^2 - 2x$ と x 軸で囲まれた図形を下図に示す。

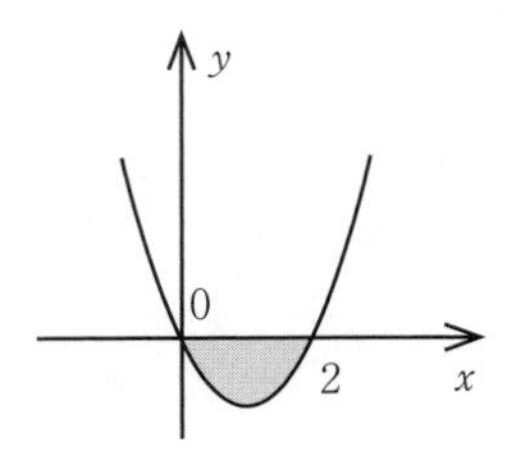

次に，x 軸まわりに一回転させてできる立体を下図に示す。

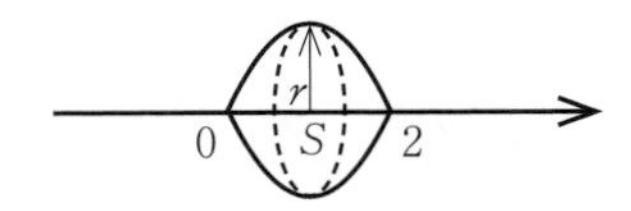

ラグビーボールのような立体の体積が題意である。立体の断面の面積を S とすると

$$S = \pi r^2 \tag{22.1}$$

$$r = y = x^2 - 2x \tag{22.2}$$

より算出する。この断面 S を $x = 0$ から 2 の範囲で積分することで立体の体積が求まる。積分の公式

積分　$\int x^n\,dx = \dfrac{1}{n+1}x^{n+1} + C$（定数）

および式 (22.1)，(22.2) より

$$\int_0^2 S\,dx = \int_0^2 (\pi r^2)\,dx = \pi\int_0^2 (x^2 - 2x)^2\,dx = \pi\int_0^2 (x^4 - 4x^3 + 4x^2)\,dx$$

$$= \pi\left[\frac{x^5}{5} - \frac{4}{4}x^4 + \frac{4}{3}x^3\right]_0^2$$

$$= \pi\left(\frac{32}{5} - 16 + \frac{32}{3}\right) = \pi\left(\frac{96 - 240 + 160}{15}\right) = \frac{16}{15}\pi \quad \text{(答)} \qquad (22.3)$$

数・練習問題 9 R1 国家一般職

図Ⅰのような縦の長さ 12，横の長さ 9 の封筒を点線に沿って図Ⅱのようにおり，図Ⅲのような直方体の形をした箱 ABCD － EFGH を作る。この箱の容積が最大になるような EF の長さはいくらか。

ただし，封筒の紙の厚みは無視する。

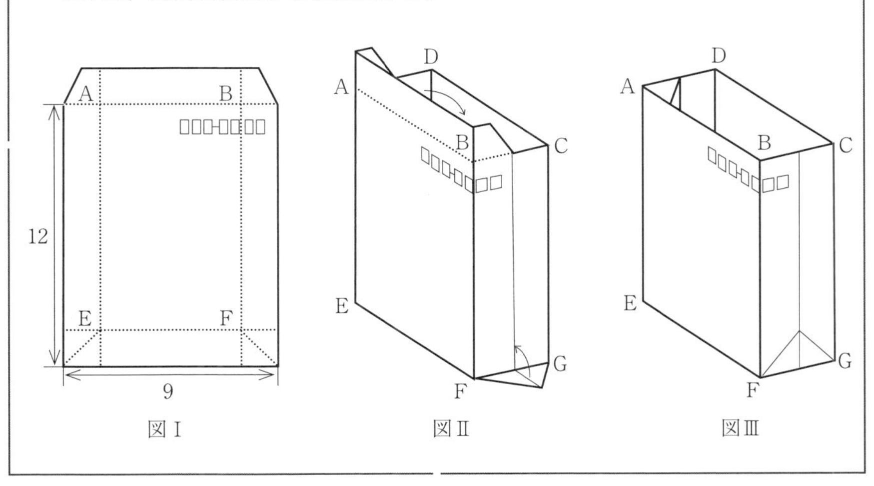

図Ⅰ　図Ⅱ　図Ⅲ

1.13　重積分

問題23

H26 国家一般職

重積分$\iint_D xy\ dx\ dy$はいくらか。ただし，$D = \{(x,y)\,|\,0 \leq x \leq 1,\ 0 \leq y \leq x\}$

重積分$\iint_D xy\ dx\ dy$ はまず $\int xy\,dx$ により x に限定して積分し，続いて$\int xy\,dy$により y に限定して積分する。ただし本問題については，y の積分範囲が 1 から変数 x までなので，まず$\int_0^x xy\ dy$を計算してから$\int_0^1 xy\,dx$ を計算する。

公式

積分　$\int x^n\ dx = \dfrac{1}{n+1}\,x^{n+1} + C$（定数）

$\int \sin x = -\cos x + C,\ \int \cos x = \sin x + C$

より

$$\iint_D xy\ dx\ dy = \int_0^1 \int_0^x xy\ dy\ dx$$

$$= \int_0^1 \left(\frac{1}{2}\,x\,[y^2]_0^x\right)dx = \int_0^1 \left(\frac{1}{2}\,x \times x^2\right)dx$$

$$= \frac{1}{2}\int_0^1 x^3\,dx = \frac{1}{2} \times \left[\frac{x^4}{4}\right]_0^1 = \underline{\underline{\frac{1}{8}}}\ \text{（答）} \tag{23.1}$$

を得る。

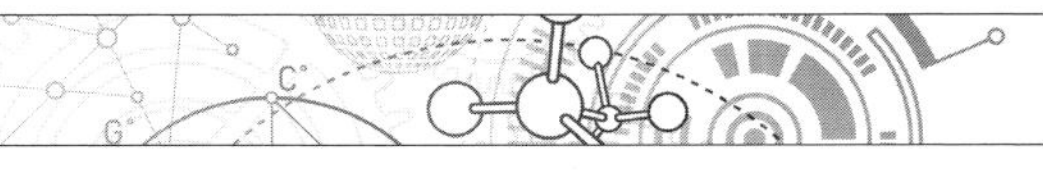

1.14　部分積分

問題24

H25 国家一般職

定積分 $\int_0^{\pi} x\cos x\,dx$ はいくらか。

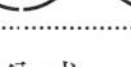

公式

部分積分　$\int f(x)\;g'(x)\;dx = f(x)g(x) - \int f'(x)\,g(x)\,dx$

を用いて，本問題では $f(x) = x$，$g'(x) = \cos x$ として計算する。

$$\int_0^{\pi} x\cos x\,dx = \int_0^{\pi} x\,(\sin x)'dx = [\,x\sin x\,]_0^{\pi} - \int_0^{\pi} x'\sin x\,dx$$

$$= 0 + [\,\cos x\,]_0^{\pi} = -1 - 1 = \underline{-2} \quad \text{(答)} \qquad (24.1)$$

1.15　行　列

問 題 25

H30 国家一般職

xy 平面上において，点 P (3, 3) を，原点 O を中心として図の矢印の向きに 60° 回転させた点の x 座標の値はいくらか。

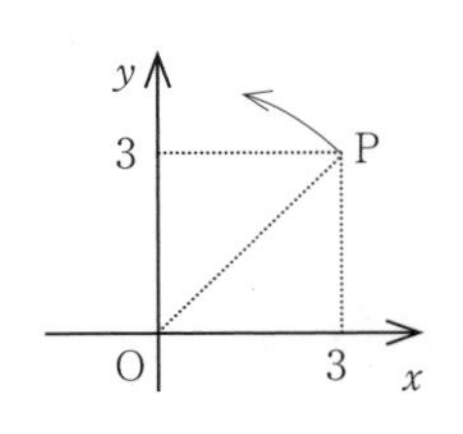

解 答

公式

回転行列　θ の回転により (x, y) の座標を (x', y') に移す計算

$$\begin{pmatrix} x' \\ y' \end{pmatrix} = \begin{pmatrix} \cos\theta & -\sin\theta \\ \sin\theta & \cos\theta \end{pmatrix}\begin{pmatrix} x \\ y \end{pmatrix}，\text{回転行列は}\begin{pmatrix} \cos\theta & -\sin\theta \\ \sin\theta & \cos\theta \end{pmatrix}$$

を用いて，本問題に適用する。また行列計算は公式

行列式　$\begin{pmatrix} x' \\ y' \end{pmatrix} = \begin{pmatrix} a_{11} & a_{12} \\ a_{21} & a_{22} \end{pmatrix}\begin{pmatrix} x \\ y \end{pmatrix} = \begin{pmatrix} a_{11}x + a_{12}y \\ a_{21}x + a_{22}y \end{pmatrix}$

によって計算する。

$$\begin{pmatrix} x' \\ y' \end{pmatrix} = \begin{pmatrix} \cos\theta & -\sin\theta \\ \sin\theta & \cos\theta \end{pmatrix}\begin{pmatrix} x \\ y \end{pmatrix}$$

$$= \begin{pmatrix} \cos 60^\circ & -\sin 60^\circ \\ \sin 60^\circ & \cos 60^\circ \end{pmatrix}\begin{pmatrix} 3 \\ 3 \end{pmatrix} = \begin{pmatrix} \frac{1}{2} & -\frac{\sqrt{3}}{2} \\ \frac{\sqrt{3}}{2} & \frac{1}{2} \end{pmatrix}\begin{pmatrix} 3 \\ 3 \end{pmatrix}$$

$$= \begin{pmatrix} \frac{1}{2} \times 3 + \left(-\frac{\sqrt{3}}{2}\right) \times 3 \\ \frac{\sqrt{3}}{2} \times 3 + \left(\frac{1}{2}\right) \times 3 \end{pmatrix} = \begin{pmatrix} \frac{3 - 3\sqrt{3}}{2} \\ \frac{3\sqrt{3} + 3}{2} \end{pmatrix} \tag{25.1}$$

よって，x 座標の値は

$$x' = \underline{\frac{3 - 3\sqrt{3}}{2}} \text{（答）} \tag{25.2}$$

である。

問題26

H25 国家一般職

$A=\begin{pmatrix}1 & 3\\5 & 7\end{pmatrix}$が，$A^2+pA+qE=O$を満たすとき，実数$p$，$q$の値はいくらか。

問題$A^2+pA+qE=O$中のA^2を公式

行列式　$\begin{pmatrix}a_{11} & a_{12}\\a_{21} & a_{22}\end{pmatrix}\times\begin{pmatrix}b_{11} & b_{12}\\b_{21} & b_{22}\end{pmatrix}=\begin{pmatrix}a_{11}b_{11}+a_{12}b_{21} & a_{11}b_{12}+a_{12}b_{22}\\a_{11}b_{11}+a_{22}b_{21} & a_{21}b_{12}+a_{22}b_{22}\end{pmatrix}$

より算出する。

$$A^2=\begin{pmatrix}1 & 3\\5 & 7\end{pmatrix}\times\begin{pmatrix}1 & 3\\5 & 7\end{pmatrix}$$

$$=\begin{pmatrix}1\times1+3\times5 & 1\times3+3\times7\\5\times1+7\times5 & 5\times3+7\times7\end{pmatrix}=\begin{pmatrix}16 & 24\\40 & 64\end{pmatrix} \tag{26.1}$$

問題式$A^2+pA+qE=O$に，式 (26.1) および題意の$A=\begin{pmatrix}1 & 3\\5 & 7\end{pmatrix}$を代入する。

また公式

行列式　$\begin{pmatrix}a_{11} & a_{12}\\a_{21} & a_{22}\end{pmatrix}\times\begin{pmatrix}b_{11} & b_{12}\\b_{21} & b_{22}\end{pmatrix}=\begin{pmatrix}a_{11}b_{11}+a_{12}b_{21} & a_{11}b_{12}+a_{12}b_{22}\\a_{11}b_{11}+a_{22}b_{21} & a_{21}b_{12}+a_{22}b_{22}\end{pmatrix}$

$k\begin{pmatrix}a_{11} & a_{12}\\a_{21} & a_{22}\end{pmatrix}\times\begin{pmatrix}ka_{11} & ka_{12}\\kb_{21} & kb_{22}\end{pmatrix}$

を適用する。

$$A^2+pA+qE=\begin{pmatrix}16 & 24\\40 & 64\end{pmatrix}+p\begin{pmatrix}1 & 3\\5 & 7\end{pmatrix}+q\begin{pmatrix}1 & 0\\0 & 1\end{pmatrix}$$

$$=\begin{pmatrix}16 & 24\\40 & 64\end{pmatrix}+p\begin{pmatrix}1 & 3\\5 & 7\end{pmatrix}+q\begin{pmatrix}1 & 0\\0 & 1\end{pmatrix}$$

$$=\begin{pmatrix}16 & 24\\40 & 64\end{pmatrix}+\begin{pmatrix}p & 3p\\5p & 7p\end{pmatrix}+\begin{pmatrix}q & 0\\0 & q\end{pmatrix}$$

$$=\begin{pmatrix}16+p+q & 24+3p\\40+5p & 64+7p+q\end{pmatrix} \tag{26.2}$$

本問題は$A^2+pA+qE=O$なので式 (26.2) は

$$\begin{pmatrix}16+p+q & 24+3p\\40+5p & 64+7p+q\end{pmatrix}=O=\begin{pmatrix}0 & 0\\0 & 0\end{pmatrix} \tag{26.3}$$

となる。式 (26.3) の1行1列目と2行2列目から連立方程式

$$16 + p + q = 0 \tag{26.4}$$

$$64 + 7p + q = 0 \tag{26.5}$$

が得られる。式 (26.4)，(26.5) の連立方程式より

$$48 + 6p = 0$$

$$p = \underline{\underline{-8}} \text{ (答)} \tag{26.6}$$

である。

式 (26.6) を式 (26.4) に代入する。

$$16 - 8 + q = 0 \tag{26.7}$$

$$q = \underline{\underline{-8}} \text{ (答)} \tag{26.8}$$

数・練習問題 10　　R3 国家一般職

行列 $A = \begin{pmatrix} \frac{1}{2} & -\frac{\sqrt{3}}{2} \\ \frac{\sqrt{3}}{2} & \frac{1}{2} \end{pmatrix}$ のとき，A^{10} を求めよ。

1.16 確　率

問 題 27

H30 国家一般職

二つの検査 A，B を行うとき，検査 A で合格となる確率が 16%，検査 B で合格となる確率が 50%，検査 A で合格かつ検査 B で不合格となる確率が 1% であるとする。このとき，検査 B で合格かつ検査 A で不合格となる確率はいくらか。

解答

本問題の検査 A および検査 B の合格・不合格の相関を下図のように表す。

検査B ＼ 検査A	合格 16%	不合格
合格 50%		? %
不合格	1%	

? % が本問題で求めたい確率である。まず，検査Aの合格 16% と検査A合格かつ検査B不合格が 1% であることから，検査A合格かつ検査B合格は① “15%” とわかる。次に検査 B の合格 50% から① 15% を引く（50% − 15% = 35%）ことで右上の領域（検査 B で合格かつ検査 A で不合格となる確率）が② 35% と求められる。新たな情報を記入した相関を下図に表す。（答）

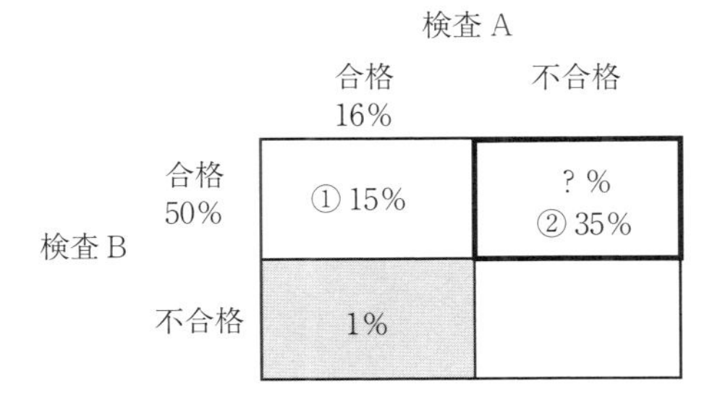

検査B ＼ 検査A	合格 16%	不合格
合格 50%	① 15%	? % ② 35%
不合格	1%	

問 題 28

H26 国家一般職

　ある製品が不良品である確率は 0.02 である。また，この製品の品質検査では，良品が良品であることを正しく判定する確率は 0.90 であり，不良品が不良品であることを正しく判定する確率は 0.80 である。この製品の品質検査の判定が誤りである確率はいくらか。

　題意より「ある製品が不良品である確率は 0.02」であることから，①「ある製品が“良品”である確率は 0.98 である」。次に，「良品が良品であることを正しく判定する確率は 0.90」であることから，②「良品を不良品と誤って判定する確率は 0.10 である」。一方，「不良品が不良品であることを正しく判定する確率は 0.80」であることから，③「不良品を良品であると誤って判定する確率は 0.20」である。この関係を下図に示す。

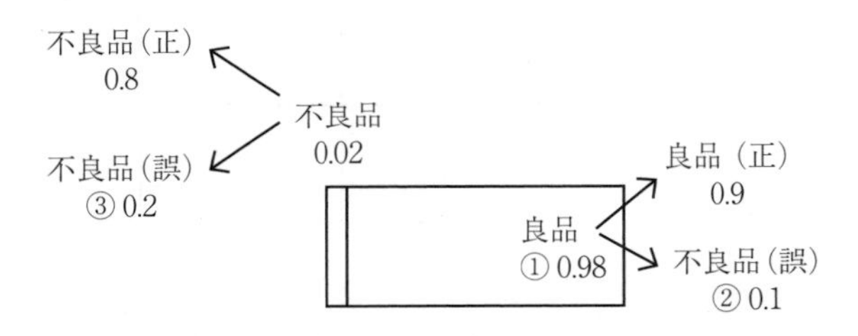

　以上の相関関係から，品質検査の判定が誤りである確率は，まず②の状況について

$$0.98 \times 0.1 = 0.098 \tag{28.1}$$

である。一方③の状況は

$$0.02 \times 0.2 = 0.004 \tag{28.2}$$

である。よって品質検査の判定が誤りである確率は②と③を足した

$$0.098 + 0.004 = \underline{\underline{0.102}} \text{ (答)} \tag{28.3}$$

となる。

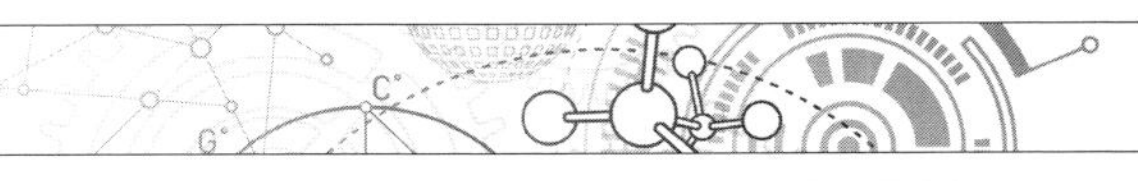

1.17　組み合わせ

問 題 29

H24 国家一般職

図のように，道路が碁盤の目のようになった街がある。地点Ａから地点Ｂまで行く最短の道順のうち，地点Ｐを通らないものは全部で何通りあるか。

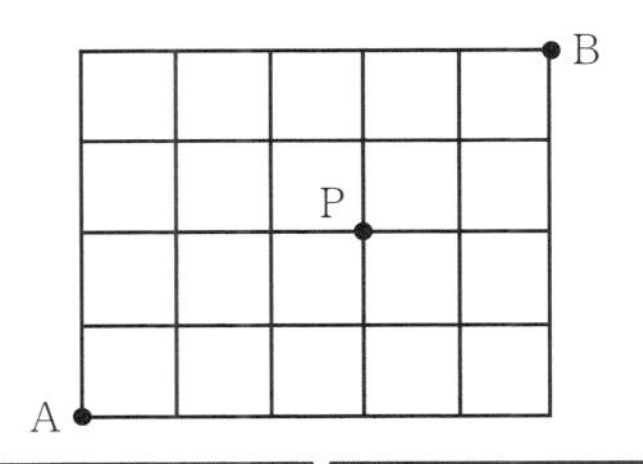

解 答

地点Ａから地点Ｂまでの道順について，途中の交差点における道順の通り数を下図に示す。なお，交差点における道順の通り数は手前の交差点の通り数を合計すれば求められる。例えば，地点Ｐの通り数は左手前の交差点が6通りおよび下手前の交差点が4通りなので合計して10通りである。

1	5	15	35	70	126通り B
1	4	10	20	35	56
1	3	6	10 P	15	21
1	2	3	4	5	6
A	1	1	1	1	1

本問題の「地点Ｐを通らないもの」（②）は，「地点ＡからＢまでの全通り数」から「地点Ａから地点Ｐを通って地点Ｂに至る通り数」（①）を“引き算”すること

で求まる。さらに，「地点Aから地点Pを通って地点Bに至る通り数」①は「地点Aから地点Pまでの通り数10通り」と「地点Pを通るもの6通り」を掛け算することで求められる。ここで地点Pから始めてBに至る通り数を下図に示す。

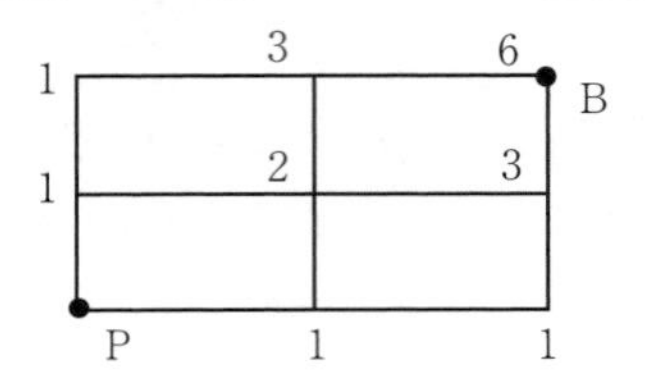

よって

$$10(\text{A から P}) \times 6(\text{P から B}) = 60 \text{ 通り①} \tag{29.1}$$

$$126(\text{A から B}) - 60(\text{A から P を通って B}) = \underline{66 \text{ 通り}} \text{ 答 ②} \tag{29.2}$$

が本問題の「地点Pを通らないもの」の通り数である。

数・練習問題 11　　　　R2 国家一般職

1～6の目をもつ一つのサイコロを繰り返し投げるとき，5回目のサイコロ投げで，5以上の目が出た回数が初めて3回になる確率はいくらか。

1.18 期待値

問題30

H25 国家一般職

赤球2個，青球3個，黒球1個が入っている袋の中から，無作為に2個の球を同時に1回だけ取り出すゲームを行った。このゲームにおいては，取り出した青球の数を得点とするが，取り出した球の中に黒球が入っていたときには，その他の取り出した球の色にかかわらず，得点を0点とする。このゲームの得点の期待値はいくらか。

組み合わせの公式

順列 $_nP_r = \dfrac{n!}{(n-r)!} = n \times (n-1) \times (n-2) \times \cdots \times (n-r+1)$

グループ分けにおいてグループ内の“並び順も区別する”分け方のパターン数

組み合わせ $_nC_r = \dfrac{_nP_r}{r!} = \dfrac{n!}{r!(n-r)!}$

グループ分けにおいてグループ内の“並び順は区別しない”分け方のパターン数

より，全球6個の袋から2個の球を取り出す組み合わせは

$$_6C_2 = \frac{6!}{2!(6-2)!} = \frac{6 \times 5}{2 \times 1} = 15 \qquad (30.1)$$

式 (30.1) より15通りある。次に

$$_3C_2 = \frac{3!}{2!(3-2)!} = \frac{3 \times 2}{2 \times 1} = 3 \qquad ① \ (30.2)$$

$$_3C_1 \times {_2C_1} = \frac{3!}{1!(3-1)!} \times \frac{2!}{1!(2-1)!} = \frac{3}{2} \times \frac{2}{1} = 6 \qquad ② \ (30.3)$$

より，「①袋の青球3個から青球2個を取り出す」組み合わせは式 (30.2) である。「②袋の青球3個から青球1個と袋の赤球2個から赤球1個を取り出す」組み合わせは式 (30.3) で求まる。球6個の袋から球2個取り出す全通り数の式 (30.1) を分母，式 (30.2) や式 (30.3) を分子とすることで①や②の状況が起こりうる確率 p_1，p_2 が求まる。

$$p_1 = \frac{3}{15} = \frac{1}{5} \text{①} \tag{30.4}$$

$$p_2 = \frac{6}{15} = \frac{2}{5} \text{②} \tag{30.5}$$

続いて，期待値の公式

期待値　$E(x) = x_1 p_1 + x_2 p_2 + \cdots + x_n p_n$
　確率変数 x が取る値を $x_1 \cdots x_n$，$x_1 \cdots x_n$ がおのおの起こる確率を $p_1 \cdots p_n$

より，①「青球2個2点の確率変数 $x_1 = 2$，確率 $p_1 = \frac{1}{5}$」および②「青球1個1点の確率変数 $x_2 = 1$，確率 $p_2 = \frac{2}{5}$」とすると

$$E(x) = x_1 p_1 + x_2 p_2 = 2 \times \frac{1}{5} + 1 \times \frac{2}{5} = \frac{4}{5} \text{（答）} \tag{30.6}$$

の期待値を導出する。

数・練習問題 12　　R1 国家一般職

図のように，隣り合う交差点間の距離が等しい道路がある。A さんは，交差点 P を出発し，最短の経路で交差点 Q へ向かう。B さんは，A さんが交差点 P を出発するのと同時に交差点 R を出発し，最短の経路で交差点 P へ向かう。二人は，同じ速さで移動し，各交差点において，最短経路の方向が二つあるときは，等しく確率 $\frac{1}{2}$ でどちらかに行き，一つしかないときは，確率 1 でそちらに行くものとする。このとき，二人が交差点 S で出会う確率はいくらか。

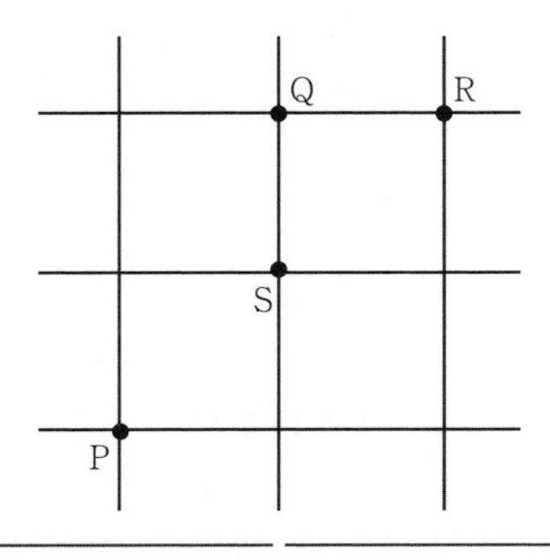

第2章　物　理

モーメント　$M = F \times r$（回転中心からの距離）$= mg \times r$

慣性の法則　$F = ma$

重力　$F = mg$

静摩擦

$F_{静マ}$（静摩擦力）限界値

$= \mu F_g$

静摩擦係数

m

外力

F_g（重力）

$= mg$

［外力＝静摩擦力］

［外力＞静摩擦力限界値］
のとき
物体は静止から動き始める

動摩擦

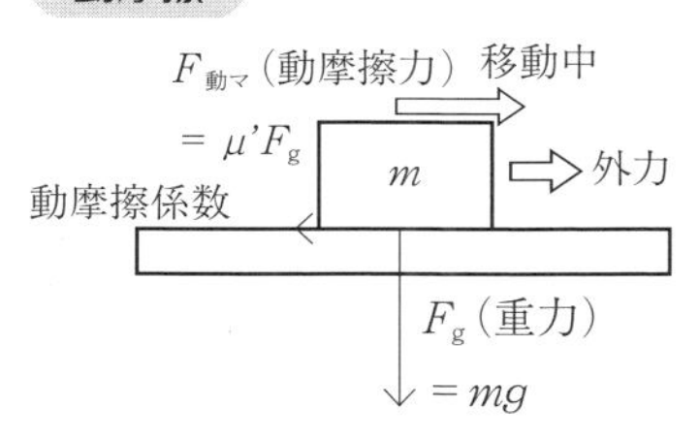

動いている物体が
［外力－動摩擦力］
の作用で動き続ける

仕事　$W = F$（力）$\times s$（移動距離）

速度　v（速度）[m/s] ＝ a（加速度）[m/s^2] × t（時間）[s]

距離　s（距離）[m] ＝ v（速度）[m/s] × t（時間）[s]

＝ $\frac{1}{2}a$（加速度）[m/s^2] × t^2（時間）[s]

（距離）'＝速度，（速度）'＝加速度

運動量保存則　$mv=(M+m)V$

エネルギー保存則　$\frac{1}{2}mv^2=FL$(仕事)$+\frac{1}{2}(M+m)V^2$

フックの法則　F(ばね力)$=k$(ばね定数)x(伸び量)

遠心力　F(遠心力)$=mr\omega^2$, ω(角速度)[rad]$=\frac{v}{r}$

万有引力　F(万有引力)$=G\frac{Mm}{r^2}$

角速度と周期　ω[rad/s]$\times T$[s]$=2\pi$[rad]

角速度と周波数　T(周期)[s]$=\frac{1}{f(\text{周波数})[\text{Hz}]}$

電気　電圧　V[V]$=R$(抵抗)[Ω]・I(電流)[A]
電力　$W[\text{W}]=W[\text{J}\cdot\text{s}^{-1}]=W[\text{kg}\cdot\text{m}^2\cdot\text{s}^{-3}]=VI=V\frac{v^2}{R}=RI^2$

単位　エネルギー　1[J]＝1[N・m]
仕事　$1[\text{N}\cdot\text{m}]=1[\text{kg}\cdot\text{ms}^{-2}\cdot\text{m}]=1[\text{kg}\cdot\text{m}^2\cdot\text{s}^{-2}]$
仕事率　$1[\text{J}\cdot\text{s}^{-1}]=1[\text{N}\cdot\text{m}\cdot\text{s}^{-1}]=1[\text{kg}\cdot\text{m}^2\cdot\text{s}^{-3}]$

ばねの合成

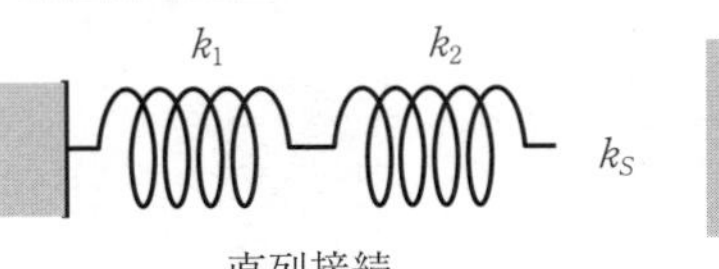

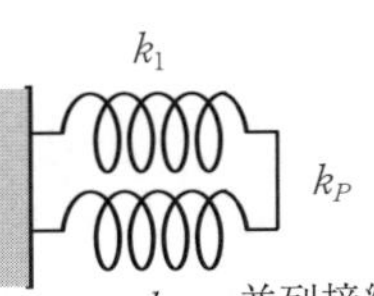

直列接続　$k_S=k_1+k_2$
並列接続　$\frac{1}{k_P}=\frac{1}{k_1}+\frac{1}{k_2}$,　$k_P=\frac{1}{\frac{1}{k_1}+\frac{1}{k_2}}$

固有角周波数　ω_0[rad/s]$=\sqrt{\frac{k}{m}}$

万有引力　U(位置エネルギー)$=F$[N]$\times h$[m]$=mgh$

ばね蓄積エネルギー

E(ばね蓄積エネルギー) $= \dfrac{1}{2}k$(ばね定数)x(ばね伸び量)^2

単振り子の周期　$T[\mathrm{s}] = 2\pi\sqrt{\dfrac{l}{g}}$

水浮力　F(浮力) $= \rho_w$(水密度) V_w(物体が水を押しのけた体積)g

ボイル・シャルルの法　$PV = GRT$

等温変化　$P_1 V_1 = P_2 V_2$

等容変化　$\dfrac{P_1}{T_1} = \dfrac{P_2}{T_2}$

等圧変化　$\dfrac{T_1}{V_1} = \dfrac{T_2}{V_2}$

熱力学第一法則　Q(熱量) $= U$(内部エネルギー) $+ W$(仕事)

合成抵抗

R_1　R_2

直列

R_1

R_2

並列

直列接続　$R_0 = R_1 + R_2$

並列接続　$\dfrac{1}{R_0} = \dfrac{1}{R_1} + \dfrac{1}{R_2}$,　$R_0 = \dfrac{1}{\dfrac{1}{R_1} + \dfrac{1}{R_2}}$

オームの法則　V(電圧)[V] $= R$(抵抗)[Ω] $\times I$(電流)[A]

電界　E(q_1 が作る電界) $= \dfrac{1}{4\pi\varepsilon_0}\dfrac{q_1}{r^2}$ [V/m]

クーロンの法則　$F = \dfrac{1}{4\pi\varepsilon_0}\dfrac{q_1 q_2}{r^2} = k\dfrac{q_1 q_2}{r^2} = q_2 E$[N]

電荷　Q(電気容量)[C] $= C$(電荷)[F] $\times V$(電圧)[V]

合成容量

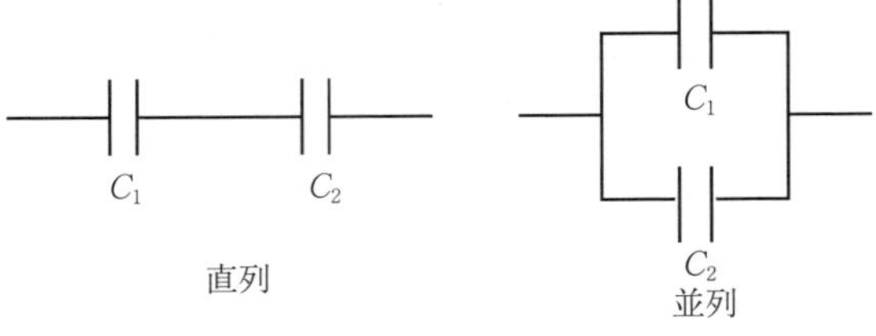

直列接続 $\dfrac{1}{C_0}=\dfrac{1}{C_1}+\dfrac{1}{C_2}$，$C_0=\dfrac{1}{\dfrac{1}{C_1}+\dfrac{1}{C_2}}$

並列接続 $C_0=C_1+C_2$

ローレンツ力　$F=q$(電気量)B(磁束密度)v(速度)　※磁場と速度は垂直

向心力　$F=-mr\omega^2$ (中心へ向かう力)

キルヒホッフの第1法則　任意の点において入ってくる電流の和と出ていく電流の和は等しい

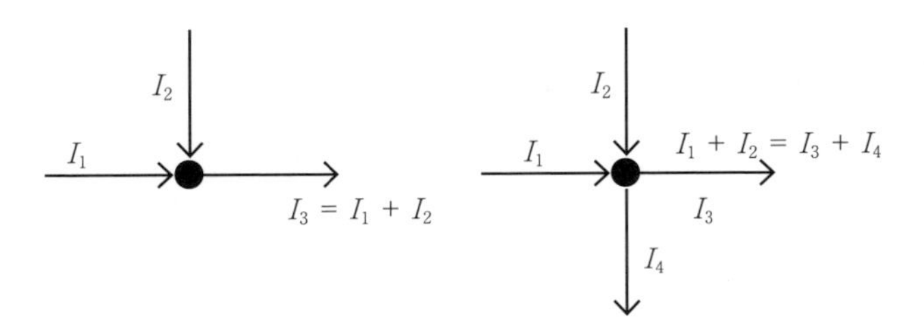

キルヒホッフの第2法則

電気回路の任意の閉回路における起電力の和は電圧降下の和に等しい

フレミングの法則（左手：力発生（モーター），右手：発電）

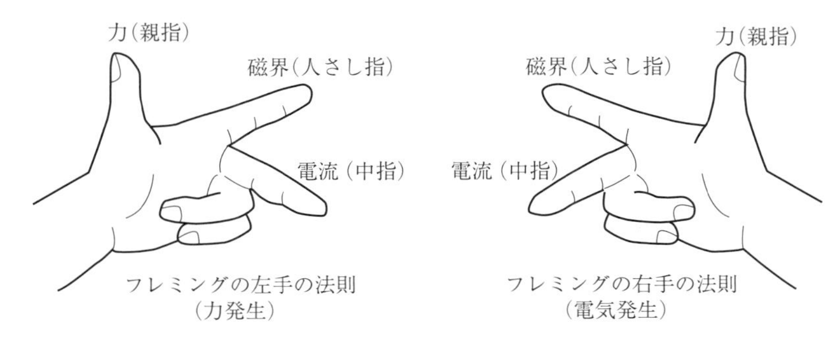

屈折率

$$n = \frac{\sin\theta_2}{\sin\theta_1}$$

ドップラー効果

$$n' = \frac{C}{C(\text{音速}) \pm v(\text{移動速度})} n \ (\text{音源の周波数})$$

2.1 モーメント

問題31

H30 国家一般職

図のように，一様な剛体棒が中央の点 O で支持されて静止している。次のことがわかっているとき，小球 X の質量はいくらか。

- 小球 X を点 A，小球 Y を点 C，小球 Z を点 D に静かに置いたとき，点 O まわりのモーメントが釣り合った。
- 小球 X を点 B，小球 Y を点 D に静かに置いたとき，点 O まわりのモーメントが釣り合った。
- 小球 Z を点 B に静かに置いた直後の点 O まわりのモーメントの大きさは，600 N·m であった。

ただし，重力加速度の大きさを 10 m/s^2 とする。

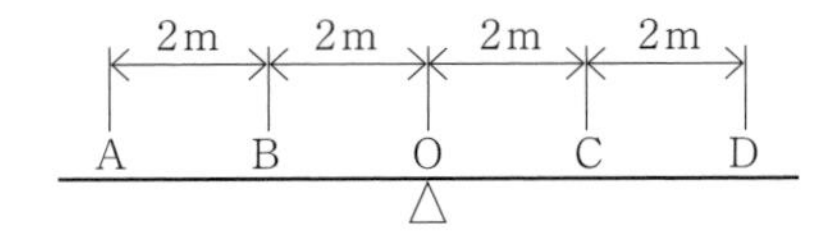

解答

問題の箇条書きの状況について下図に示す。

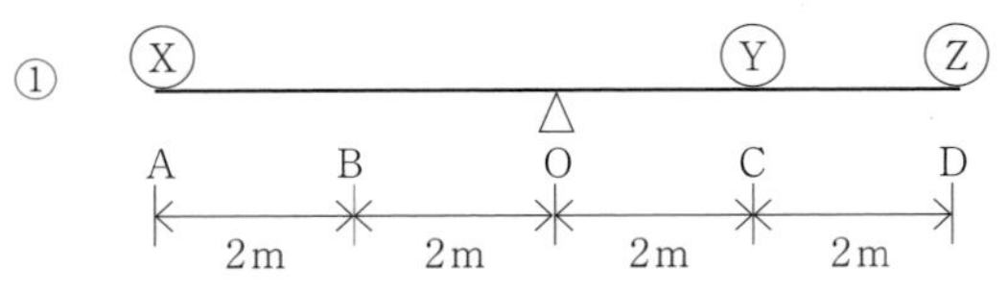

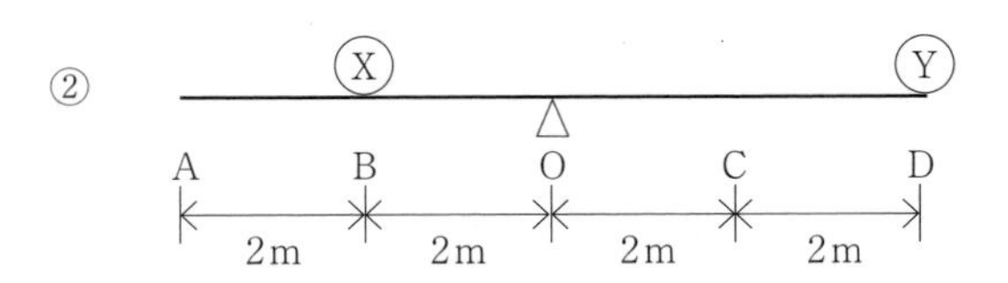

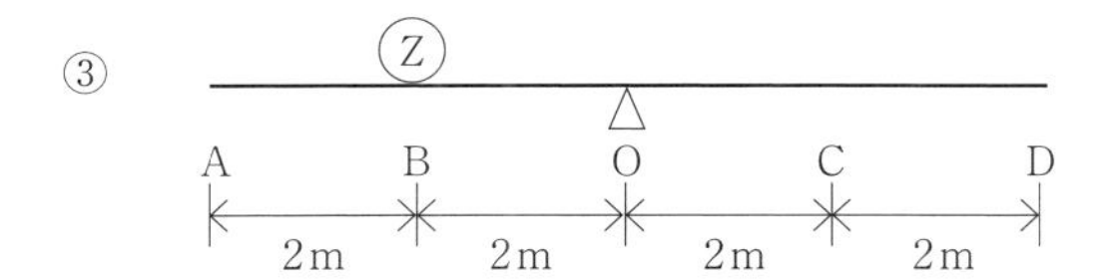

本問題の三つの箇条書きは図の①，②，③を表す。①，②，③のうち初めに計算するのは③である。

モーメントの公式

モーメント $M = F \times r$（回転中心からの距離）$= mg \times r$

を用いて，本問題の第3箇条書きに従って求める。

$$M_Z = m_Z g r \tag{31.1}$$

$$m_Z = \frac{M_Z}{gr} = \frac{600[\mathrm{Nm}]}{10[\mathrm{m/s^2}] \times 2[\mathrm{m}]} = 30\,\mathrm{kg} \tag{31.2}$$

次に第2箇条書きの文章と②を比較して，モーメントの釣り合い式を表す。

$$m_X g \times 2[\mathrm{m}] = m_Y g \times 4[\mathrm{m}] \tag{31.3}$$

式 (31.3) を解くと次式となる。

$$m_X = 2m_Y \tag{31.4}$$

次に第1箇条書きを次式に示す。

$$m_X g \times 4[\mathrm{m}] = m_Y g \times 2[\mathrm{m}] + m_Z g \times 4[\mathrm{m}] \tag{31.5}$$

式 (31.5) に式 (31.4) の m_Y を代入する。

$$m_X \times 4[\mathrm{m}] = \frac{m_X}{2} \times 2[\mathrm{m}] + m_Z \times 4[\mathrm{m}] \tag{31.6}$$

$$3m_X = 4m_Z[\mathrm{m}] \tag{31.7}$$

式 (31.7) に式 (31.2) を代入する。

$$3m_X = 4 \times 30[\mathrm{kg}] \tag{31.8}$$

$$m_X = \frac{120}{3} = \underline{\underline{40[\mathrm{kg}]}} \text{ 答} \tag{31.9}$$

問題32

H25 国家一般職

図のように，長さ 2.0 m，質量 3.0 kg の一様な剛体の棒の右端に質量 2.0 kg の物体をつり下げて，支点の上で水平に静止させた。このとき，棒の左端から支点までの距離はおよそいくらか。

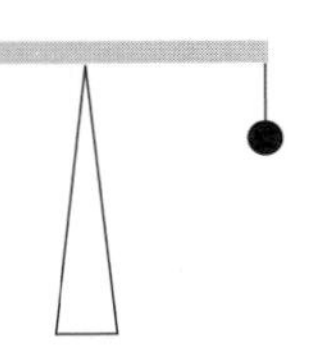

本問題における力の作用の詳細を下図に示す。

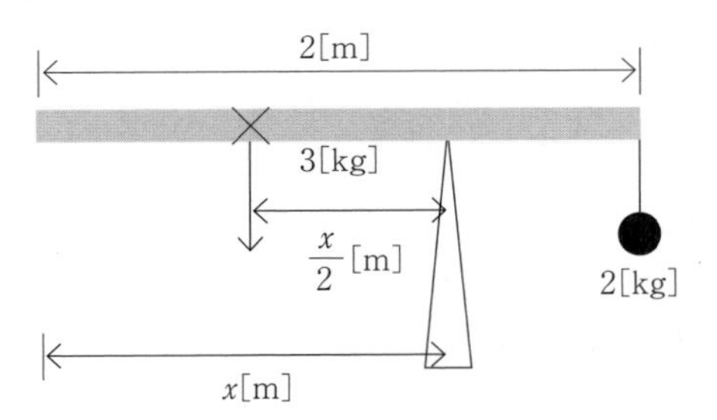

支点の左側の棒は半分の距離 $\frac{x}{2}$[m] で一点集中荷重とみなす。このとき，モーメントの釣り合いの公式

モーメント　$M = F \times r$（回転中心からの距離）$= mg \times r$

を用いて，次式に表す。

$$\left(3[\mathrm{kg}] \times \frac{x[\mathrm{m}]}{2[\mathrm{m}]}\right) \times 10\,[\mathrm{m/s^2}] \times \frac{x}{2}\,[\mathrm{m}]$$

$$= \left(3[\mathrm{kg}] \times \frac{(2-x)\,[\mathrm{m}]}{2[\mathrm{m}]}\right) \times 10\,[\mathrm{m/s^2}] \times \frac{(2-x)}{2}\,[\mathrm{m}]$$

$$+ 2[\mathrm{kg}] \times 10\,[\mathrm{m/s^2}] \times (2-x)\,[\mathrm{m}] \qquad (32.1)$$

式 (32.1) は左辺が支点左側の左回りモーメントを，右辺が支点右側の右回りモーメントを表す。式 (32.1) の右辺第 2 項は質量 2 kg の物体をつり下げたモーメントである。式 (32.1) をまとめる。

$$\frac{3}{4}x^2 = \frac{3(2-x)^2}{4} + 2(2-x) \tag{32.2}$$

式 (32.2) について x を導出する。

$$x = \underline{\underline{1.4[\mathrm{m}]}} \text{ (答)} \tag{32.3}$$

物・練習問題 1 R2 国家一般職

振動数 400 Hz の音を発している音源が，音速よりも遅い一定の速さで直線上を移動している。音源の進行方向前方に静止している観測者が観測する音の振動数が 450 Hz であるとき，音源の進行方向後方に静止している観測者が観測する音の振動数はいくらか。

※基本問題に類題なし，公式あり

2.2 摩　擦

問題33

H29 国家一般職

図のように，滑らかな水平面上に置かれた，質量がそれぞれ5 m，m，4 m の小物体 X，Y，Z が糸 A，B でつながれている。小物体 Z に対して，図の向きに一定の外力が作用しているとき，糸 A の張力 T_A と糸 B の張力 T_B の大きさの比を求めよ。

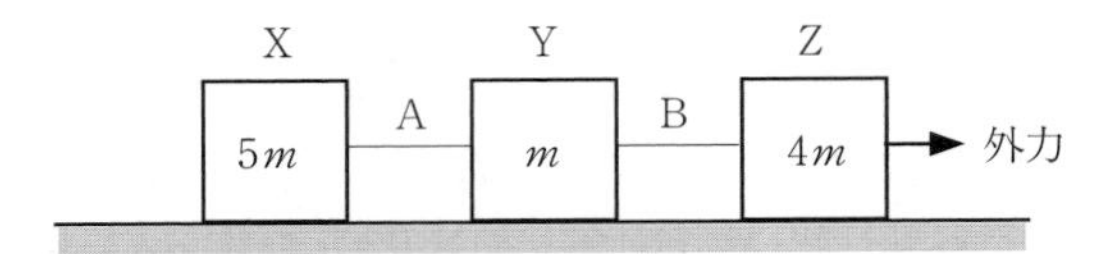

解答

本問題の3物体は設置しているものの「滑らかな水平面上」であることから摩擦力は存在しない。よって公式

慣性の法則　$F = ma$

で解く。まず，糸 A は小物体 X を引っ張ることから，慣性の法則より

$$T_A = 5ma \tag{33.1}$$

と表される。次に，糸 B は X と Y の小物体を共に引っ張ることから

$$T_B = (5m + m)a = 6ma \tag{33.2}$$

と表される。X と Y における加速度はたがいが糸 A，B によって拘束されているため同じ加速度 a を用いる。式 (33.1) および式 (33.2) より糸 A の張力 T_A と糸 B の張力 T_B の大きさの比は

$$\frac{T_B}{T_A} = \frac{6ma}{5ma} = \frac{6}{5} \tag{33.3}$$

$$T_A : T_B = \underline{5 : 6} \text{（答）} \tag{33.4}$$

となる。

問題34

H29 国家一般職

図のように，AB 間が滑らかで BC 間は粗い斜面上の点 A から小物体を静かに放したところ，小物体は斜面を滑り出した。小物体が点 B に到達するときの速さを v_B とし，小物体が点 C に到達するときの速さを v_C としたとき，$\dfrac{v_C}{v_B}$ の値はいくらか。

ただし，小物体と斜面 BC の間の動摩擦係数を $\dfrac{\sqrt{3}}{3}$，重力加速度の大きさを $10\,\mathrm{m/s^2}$ とする。

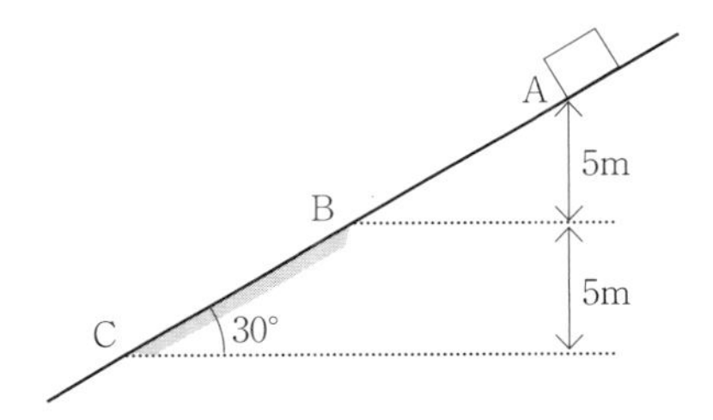

問題の力関係を下図に示す。

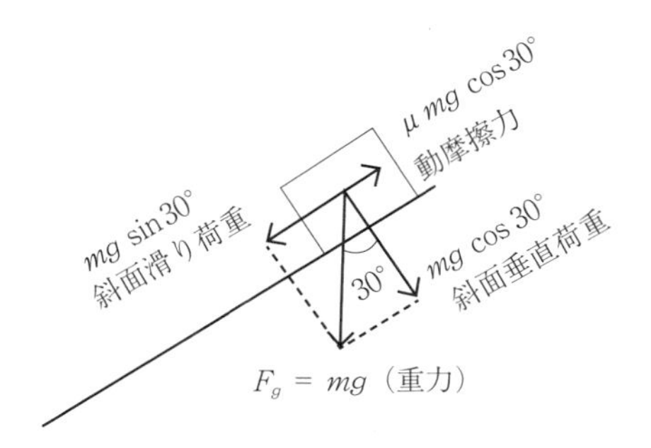

本問題の運動の源（外力）は，すべて重力 $F_g = mg$ である。まず，動摩擦力の公式

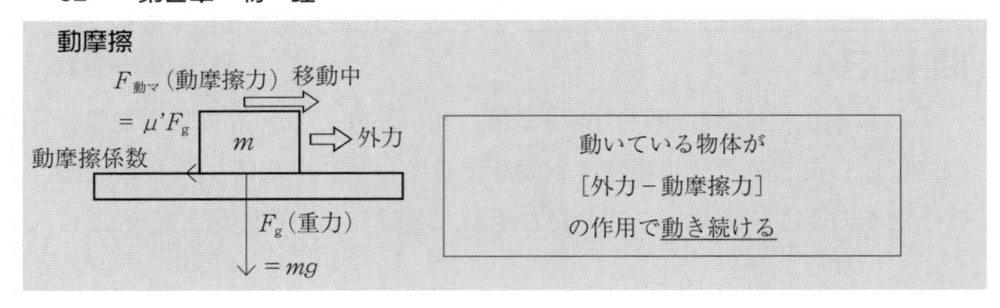

を用いて，斜面 BC 上の運動を式で表す。

$$mg \sin\theta - \mu_{BC}\, mg \cos\theta = ma \tag{34.1}$$

μ_{BC} は動摩擦係数である。式 (34.1) の両辺を質量 m で割る。

$$g(\sin\theta - \mu_{BC} \cos\theta) = a \tag{34.2}$$

次に，本問題の運動条件「斜面 $\theta = 30°$，動摩擦係数を$\frac{\sqrt{3}}{3}$，重力加速度の大きさ $10\,\mathrm{m/s^2}$」を式 (34.2) に代入する。

$$10(\sin 30° - \mu_{BC} \cos 30°) = 10\left(\frac{1}{2} - \frac{\sqrt{3}}{3} \times \frac{\sqrt{3}}{2}\right) = 0 = a \tag{34.3}$$

式 (34.3) より $a = 0$，すなわち BC 上では加速しないため $v_B = v_C$ である。よって

$$\frac{v_C}{v_B} = 1 \quad \text{(答)} \tag{34.4}$$

を得る。

問 題 35

H28 国家一般職

質量 10 kg の物体が水平な台の上に静止した状態で置かれている。この物体に 20 N の力を水平方向に加え続けたときの摩擦力はおよそいくらか。

ただし，物体の底面は常に台に接しているものとし，台と物体の間の静止摩擦係数を 0.50，動摩擦係数 0.1，重力加速度の大きさを $10\,\mathrm{m/s^2}$ とする。

静摩擦係数の公式

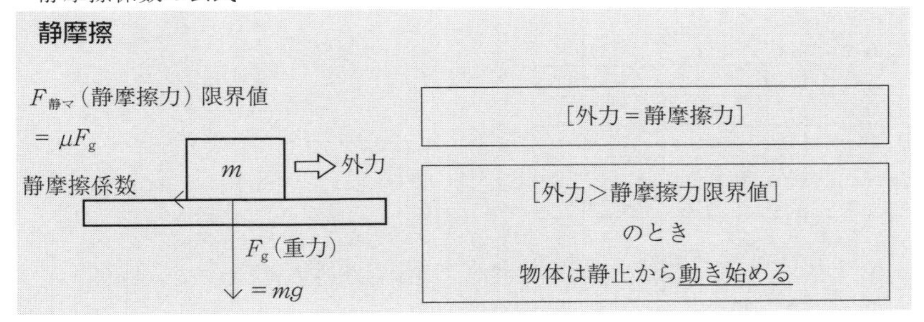

を参考として，本問題で静摩擦力の限界値は

$$\mu mg = 0.5 \times 10[\mathrm{kg}] \times 10[\mathrm{m/s^2}] = 50[\mathrm{N}] \tag{35.1}$$

50 N 以下であることがわかる。

本問題では外力反対方向に外力同一量の 20 N（≤ 50[N]）の摩擦力が発生する。（答）

問題36

H30 国家一般職

図のように，原点Oに置かれた質量 m の小物体に x 軸正方向の撃力を加えて粗い水平面上を滑らせ，小物体が静止した区間に対応する得点を獲得するゲームがある。このゲームを3回行い，いずれも異なる得点を獲得した上で，得点の合計を100点にしたい。3回のゲームを通じて，撃力によって小物体に与えるエネルギーの合計を W とするとき，W の最小値を求めよ。

ただし，各区間における小物体の間の動摩擦係数および得点は表の通りとする。また，重力加速度の大きさを g とする。

区間	動摩擦係数	得点（点）
$0 \leqq x < 10L$	μ	0
$10L \leqq x < 11L$	μ	10
$11L \leqq x < 12L$	2μ	20
$12L \leqq x < 13L$	3μ	30
$13L \leqq x < 14L$	4μ	40
$14L \leqq x < 15L$	5μ	50
$15L \leqq x$	μ	0

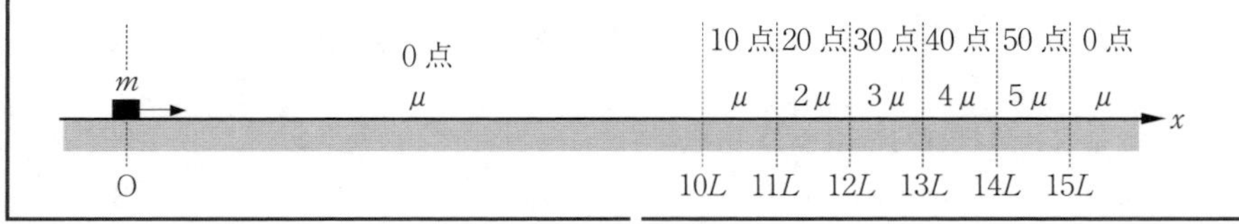

3回のゲームの合計得点が100点となるケースは以下の2通り考えられる。

$$10[\text{点}](10\mu L) + 40[\text{点}](16\mu L) + 50[\text{点}](20\mu L) = 100[\text{点}](46\mu L) \tag{36.1}$$

$$20[\text{点}](11\mu L) + 30[\text{点}](13\mu L) + 50[\text{点}](20\mu L) = 100[\text{点}](44\mu L) \tag{36.2}$$

式(36.1)および式(36.2)中の50[点]$(20\mu L)$は，物体が50点の区間に最低至るまでに $10\mu L + \mu L + 2\mu L + 3\mu L + 4\mu L = 20\mu L$ の動摩擦がかかることを表す。

式(36.1)と式(36.2)を比較すると式(36.2)の得点パターンの方が動摩擦係数の合

計が小さく，消費エネルギーが少ないことがわかる。そこで，公式

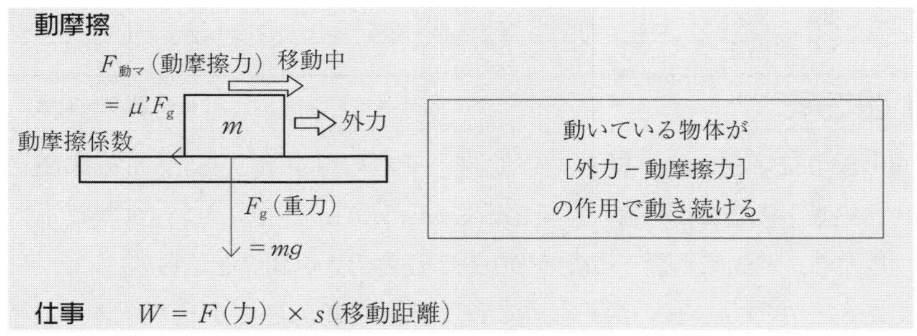

を用いて，$W = \mu' mg$（動摩擦力）$\times s$（移動距離）とみなす。式 (36.2) の 20 点，30 点，50 点と得点するパターンについてエネルギー合計値 W を求める。20 点，30 点，50 点の得点はそれぞれ

$$20 点 \rightarrow \mu mg10L + \mu mgL = 11\mu mgL \tag{36.3}$$

$$30 点 \rightarrow 11\mu mgL + 2\mu mgL = 13\mu mgL \tag{36.4}$$

$$50 点 \rightarrow 13\mu mgL + 3\mu mgL + 4\mu mgL = 20\mu mgL \tag{36.5}$$

のエネルギーを消費する。式 (36.3) ～ (36.5) を合計すると

$$100 点 \rightarrow 11\mu mgL + 13\mu mgL + 20\mu mgL = \underline{\underline{44\mu mgL}} \text{（答）} \tag{36.6}$$

の解答を得る。

2.3 運　動

問題37

H28 国家一般職

図のように，三つの小球 A，B，C を，それぞれ 10 m，15 m，5 m の高さから鉛直下向きに初速度 v_{A0} = 5 m/s，v_{B0} = 0 m/s，v_{C0} = 8 m/s で落下させたとき，地面に到達する直前の小球の速度の大小関係を示しなさい。

ただし，小球 A，B，C が地面に到達する直前の速度をそれぞれ v_A，v_B，v_C とし，重力加速度の大きさを 10 m/s^2 とする。

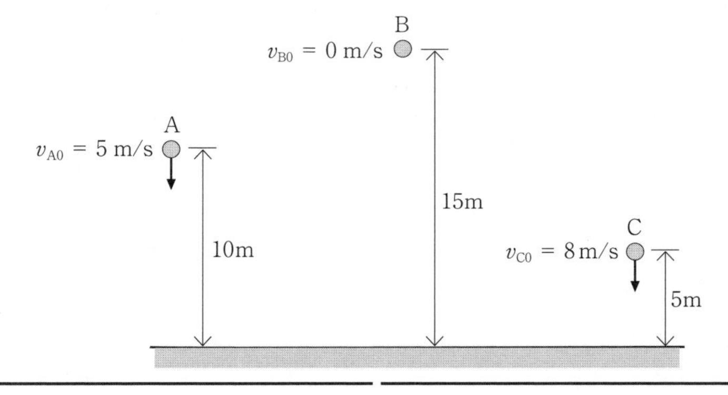

小球 A，B，C が地面に到達する直前の速度それぞれ v_A，v_B，v_C を順に求める。

加速度，速度，距離の関係は公式

速度　v(速度) [m/s] = a(加速度) [m/s^2] × t(時間) [s]

距離　s(距離) [m] = v(速度) [m/s] × t(時間) [s]

$$= \frac{1}{2} a(加速度)[m/s^2] \times t^2(時間)[s]$$

(距離)' = 速度，(速度)' = 加速度

を用いて，まず小球 A の落下時間 t_A は，A における v_{A0} による距離 $v_{A0}\, t_A$ と重力加速度による距離 $\frac{1}{2} g t_A{}^2$ を足して

$$s_A[\mathrm{m}] = v_{A0}\, t_A + \frac{1}{2} g t_A^2 \tag{37.1}$$

と表される。本問題の数値を式 (37.1) に代入する。

$$10[\mathrm{m}] = 5[\mathrm{m/s}] t_A + \frac{1}{2} 10[\mathrm{m/s^2}] t_A^2 \tag{37.2}$$

式 (37.2) から t_A を導出する。

$$t_A^2 + t_A - 2 = 0 \tag{37.3}$$

$$(t_A + 2)(t_A - 1) = 0 \tag{37.4}$$

$$t_A = 1[\mathrm{s}] \tag{37.5}$$

次に，小球 A の速度は

$$v_A[\mathrm{m/s}] = v_{A0} + g t_A \tag{37.6}$$

と表される。題意の $v_{A0} = 5[\mathrm{m/s}]$ と式 (37.5) の $t_A = 1[\mathrm{s}]$ を式 (37.6) に代入する。

$$v_A\,[\mathrm{m/s}] = 5[\mathrm{m/s}] + 10[\mathrm{m/s^2}] \times 1[\mathrm{s}] = 15[\mathrm{m/s}] \tag{37.7}$$

次に B について

$$s_B\,[\mathrm{m}] = v_{B0}\, t_B + \frac{1}{2} g\, t_B^2 \tag{37.8}$$

と表される。本問題の数値を式 (37.8) に代入する。

$$15[\mathrm{m}] = 0[\mathrm{m/s}] t_B + \frac{1}{2} 10[\mathrm{m/s^2}] t_B^2 \tag{37.9}$$

式 (37.9) について t_B を導出する。

$$t_B^2 = 3 \tag{37.10}$$

$$t_B = \sqrt{3}[\mathrm{s}] \tag{37.11}$$

次に，小球 B の速度は

$$v_B\,[\mathrm{m/s}] = v_{B0} + g t_B \tag{37.12}$$

と表される。題意の $v_{B0} = 0[\mathrm{m/s}]$ と式 (37.11) の $t_B = \sqrt{3}[\mathrm{s}]$ を式 (37.12) に代入する。

$$v_B[\mathrm{m/s}] = 0[\mathrm{m/s}] + 10[\mathrm{m/s^2}] \times \sqrt{3}[\mathrm{s}] = 10\sqrt{3} \fallingdotseq 17.3[\mathrm{m/s}] \tag{37.13}$$

最後に C について

$$s_C[\mathrm{m}] = v_{C0}\, t_C + \frac{1}{2} g t_C^2 \tag{37.14}$$

と表される。本問題の数値を式 (37.14) に代入する。

$$5[\mathrm{m}] = 8[\mathrm{m/s}] t_C + \frac{1}{2} 10[\mathrm{m/s^2}] t_C^2 \tag{37.15}$$

式 (37.15) から t_C を導出する。

$$t_C^2 + 8 t_C - 5 = 0 \tag{37.16}$$

$$t_C = \frac{-8 \pm \sqrt{64 + 20}}{2} = -4 \pm \sqrt{21} \cong -4 + 4.6 = 0.6\ [\mathrm{s}] \tag{37.17}$$

次に，小球Cの速度は

$$v_C[\mathrm{m/s}] = v_{C0} + gt_C \tag{37.18}$$

と表される。題意の $v_{C0} = 8[\mathrm{m/s}]$ と式(37.17)の $t_C = 0.6[\mathrm{s}]$ を式(37.18)に代入する。

$$v_C[\mathrm{m/s}] = 8[\mathrm{m/s}] + 10[\mathrm{m/s^2}] \times 0.6[\mathrm{s}] = 14[\mathrm{m/s}] \tag{37.19}$$

v_A，v_B，v_C を式(37.7)，式(37.13)および式(37.19)と比較する。

$$\underline{v_C < v_A < v_B} \text{（答）} \tag{37.20}$$

物・練習問題 2　　R4 国家一般職

図のように，質量 M の台車Pの天井から質量 m の小球Qを糸でつり下げ，Pを滑らかで水平な床に置いた。その後，Pを大きさ F の力で水平方向に引っ張ったところ，Qは糸が鉛直方向と角 θ $\left(0< \theta < \frac{\pi}{2}\right)$ をなす位置にて，Pから見て静止した。このとき，糸の張力の大きさを求めよ。

ただし，重力加速度の大きさを g とする。

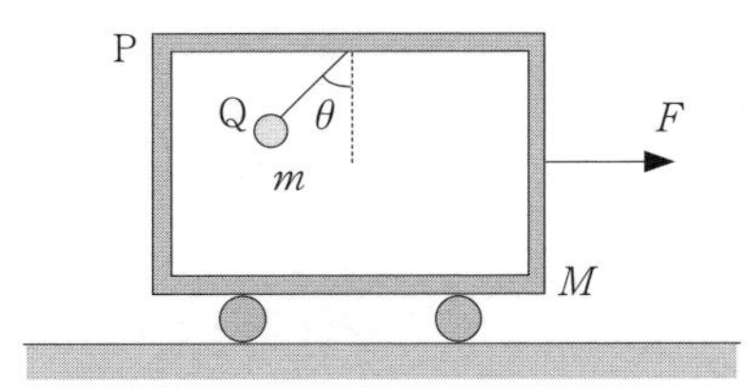

問題 38

H27 国家一般職

高さ h の位置から，小球を初速度 v で水平に投げたところ，水平で滑らかな床の点 A に落下してはね返り，再び点 B で床に落下した。このとき，AB 間の距離はいくらか。

ただし，小球と床とのはね返り係数を e，重力加速度の大きさを g とする。

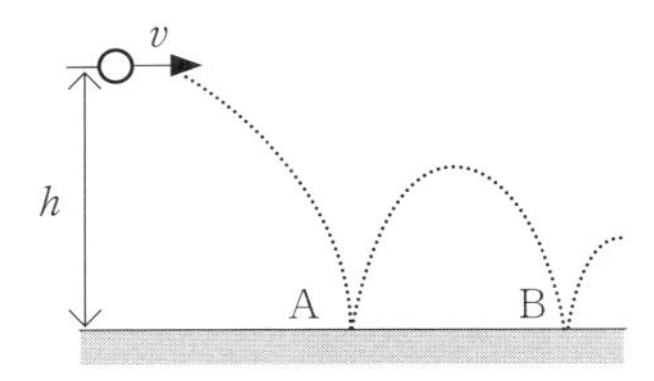

解答

本問題の運動の詳細を下図のように表す。

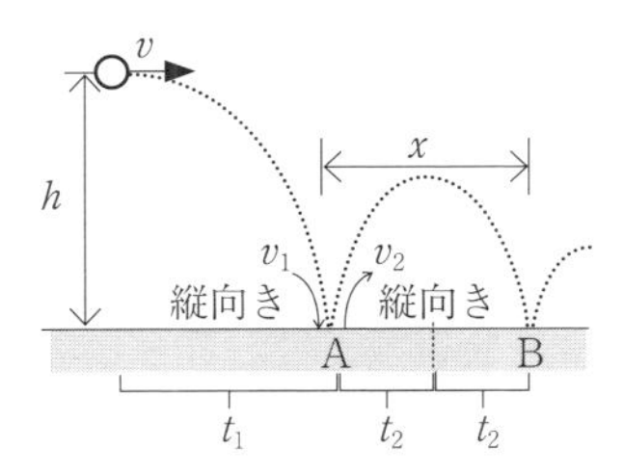

AB 間の距離を x とすると，A で球がはね返った後の曲線は放物線を描き，はね返りから頂点までの時間 t_2 と頂点から B まで落下する時間は同じく t_2 である。よって A から B にかけての運動は

$x = v \times 2t_2$　横方向速度 v 一定　(38.1)

$v_1 = gt_1$　縦方向 A 落下　(38.2)

$v_2 = ev_1$　縦方向 A はね返り後　(38.3)

$v_2 - gt_2 = 0$　縦方向 AB 間頂点　(38.4)

と表される。式 (38.2) を式 (38.3) の v_1 に代入し，さらに式 (38.4) の v_2 に代入する。

$egt_1 - gt_2 = 0$　(38.5)

これより

$$t_2 = et_1 \tag{38.6}$$

を得る。公式

距離　s(距離)[m]$=v$(速度)[m/s] × t(時間)[s]

$= \dfrac{1}{2} a$(加速度)[m/s^2] × t^2(時間)[s]

を用いて，小球の高さ h は

$$h = \frac{1}{2} g t_1^{\,2} \tag{38.7}$$

であり，t_1 について解く。

$$t_1 = \frac{\sqrt{2h}}{g} \tag{38.8}$$

式 (38.8) の t_1 を式 (38.6) に代入する。

$$t_2 = e\sqrt{\frac{2h}{g}} \tag{38.9}$$

式 (38.9) の t_2 を式 (38.1) へ代入する。

$$x = 2ev\sqrt{\frac{2h}{g}} \quad \text{答} \tag{38.10}$$

問題39

H26 国家一般職

図Ⅰのように，水平かつ滑らかな床の上に置かれた質量 9 kg の物体 A に質量 1 kg の小物体 B を速さ v[m/s] で打ち込んだところ，図Ⅱのように B は A に距離 L[m] だけ侵入し，侵入後はそのまま A と共に運動した。このときの L を求めよ。

ただし，B が A に侵入し続けている間は大きさおよび向きが一定の摩擦力 F[N] が作用し，A と B は水平方向の一直線上を運動するものとする。また，空気抵抗は無視できるものとする。

なお，B が A に侵入するときに減少する運動エネルギーは，摩擦力がする仕事に等しい。

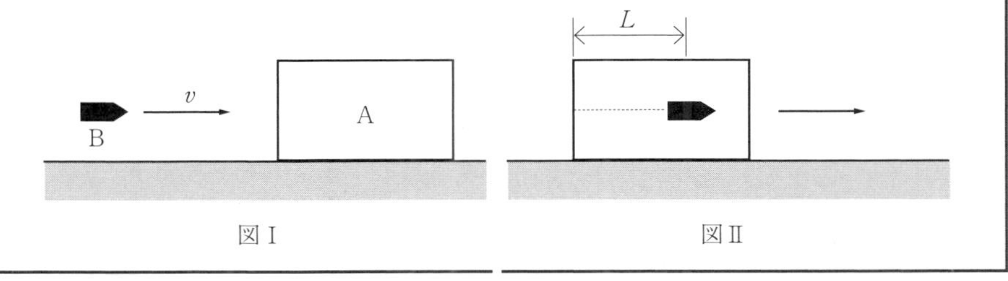

図Ⅰ　　　図Ⅱ

小物体 B の速度を v，小物体 B が物体 A に打ち込まれて共に移動する速度を V とする。また物体 A の質量を M，小物体 B の質量を m とする。公式

運動量保存則　$mv = (M + m)V$

より，本問題の速度比率は

$$\frac{V}{v} = \frac{m}{M + m} = \frac{1}{9 + 1} = \frac{1}{10} \tag{39.1}$$

により求まり，すなわち $V = \frac{1}{10}v$ である。次に公式

エネルギー保存則　$\frac{1}{2}mv^2 = FL(\text{仕事}) + \frac{1}{2}(M + m)V^2$

より小物体 B が侵入した距離 L を求める。

$$L = \frac{\frac{1}{2}mv^2 - \frac{1}{2}(M + m)V^2}{F} \tag{39.2}$$

式 (39.2) に題意の数値と式 (39.1) の速度比を代入する。

$$L = \frac{\frac{1}{2}1v^2 - \frac{1}{2}(9 + 1)\frac{1}{100}v^2}{F} = \frac{10v^2 - v^2}{20F} = \frac{9v^2}{20F} \tag{39.3}$$ 答

問 題 40

H25 国家一般職

小物体が，速さ v で，半径 r の等速円運動をしている。この運動の単位当たりの回転数を求めよ。

本問題の運動を下図に示す。

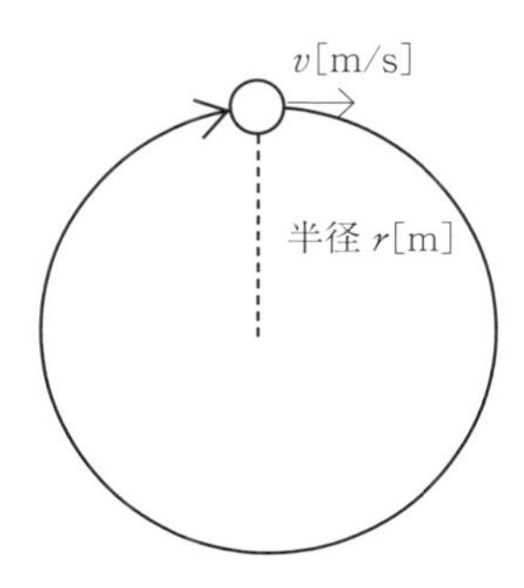

1 回転は $2\pi r$[m]，よって

$$\frac{v[\mathrm{m/s}]}{2\pi r[\mathrm{m}]}\ [回転/\mathrm{s}] \quad \text{(答)} \tag{40.1}$$

問題41

H24 国家一般職

図のように，滑らかな水平面上において，速さ v で運動している質量 m の小球 A を，静止している質量 M の小球 B に衝突させたところ，A は衝突前の運動方向から右へ 45° の向きに，B は左に 45° の向きに進んだ。衝突後の A，B の速さをおのおの求めよ。

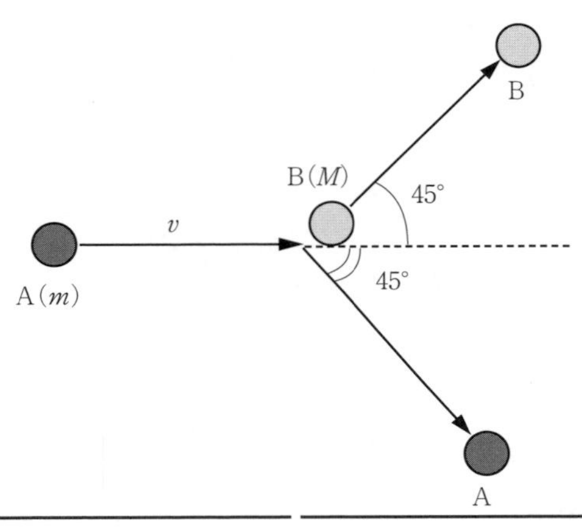

速度成分 v を A の進む速度 v' と B に作用する速度 v'' にベクトル分解する。本問題の運動を下図に示す。

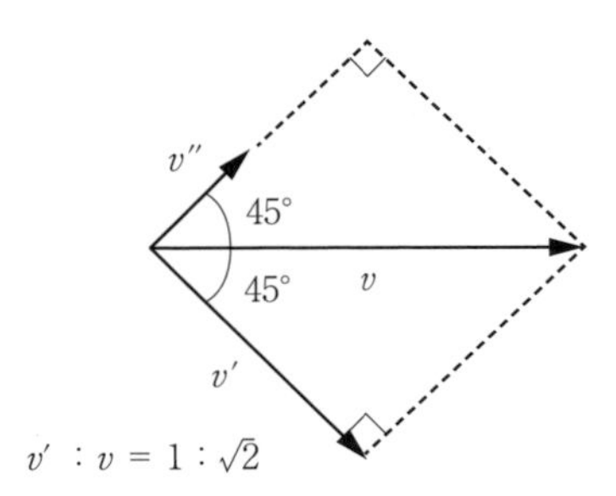

公式

運動量保存則　$mv = (M + m)V$

より，A が B に衝突して 45° 下方に曲げられた運動量保存則を示す。

$$m\underbrace{\frac{\sqrt{2}}{2}v}_{45^\circ\text{成分}} = mv' \tag{41.1}$$

式 (41.1) は左辺が衝突前 (v の 45° 成分だけ影響する)，右辺が衝突後を表す。式 (41.1) を v' について解く。

$$v' = \frac{\sqrt{2}}{2}v \quad \text{答} \tag{41.2}$$

次に，A が B に衝突して 45° 上方に B が進み出す速さを v'' とした運動量保存則を示す。

$$m\underbrace{\frac{\sqrt{2}}{2}v}_{45^\circ\text{成分}} = Mv'' \tag{41.3}$$

式 (41.3) は左辺が衝突前 (v の 45° 成分だけ影響する)，右辺が衝突後を表す。v'' は v' と違って衝突前後で質量が異なる。式 (41.3) を v'' について解く。

$$v'' = \frac{\sqrt{2}}{2}\frac{m}{M}v \quad \text{答} \tag{41.4}$$

物・練習問題 3 R2 国家一般職

図のように，水平面からある高さの点 P から，小球を速さ v で水平方向と 30° の角度をなすように投げたところ，小球は水平面に対して 60° の角度で水平面上の点 Q に落下した。このとき，P から Q までの水平方向の距離 L を求めよ。

ただし，重力加速度の大きさを g とする。

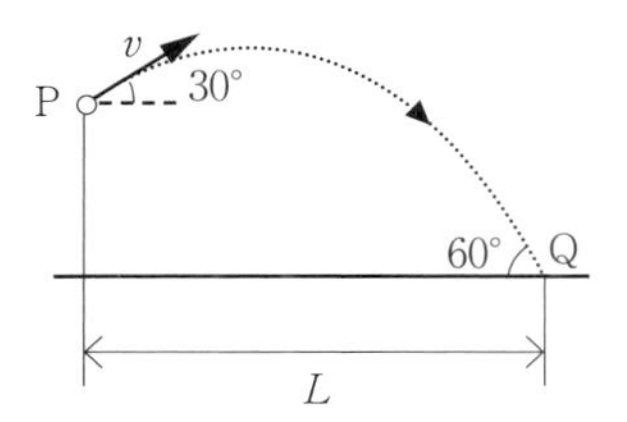

問 題 42

H24 国家一般職

図のように，滑らかな水平面上を速さ v_0 で運動していた質量 m の小物体が，摩擦のある水平面上を距離 l だけ通過した後，再び滑らかな水平面上を速さ v で運動した。このとき，摩擦のある面の動摩擦係数を求めよ。

ただし，重力加速度の大きさを g とする。

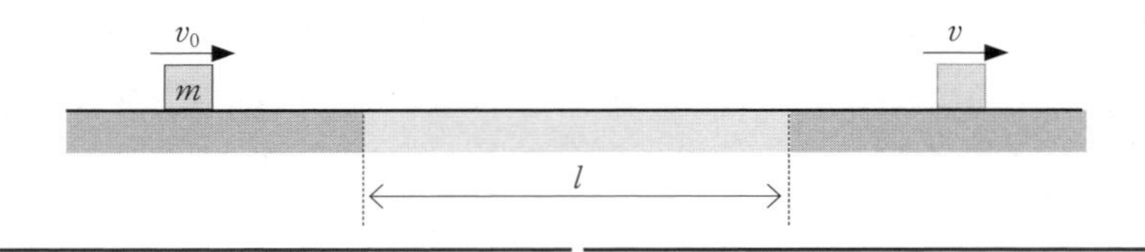

本問題において滑らかな水平面上では小物体は減速しない。摩擦のある水平面上において動摩擦を受けて減速する。そこで，公式

エネルギー保存則　$\frac{1}{2}mv^2 = FL(\text{仕事}) + \frac{1}{2}(M+m)V^2$

を用いて，本問題の動摩擦を受けた v_0 から v への減速を表す。

$$\frac{1}{2}m{v_0}^2 - \frac{1}{2}mv^2 = \mu' mgl \tag{42.1}$$

運動エネルギー差　　仕事（摩擦力×距離）

式 (42.1) を動摩擦 μ' について導出する。

$$\mu' = \frac{{v_0}^2 - v^2}{2gl} \tag{42.2}$$

答

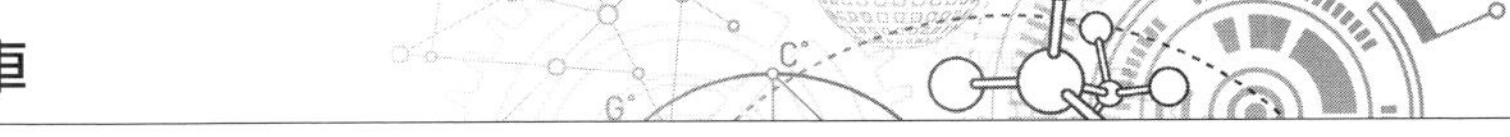

2.4 滑　車

問題43

H25 国家一般職

図のように，水平な机の上にある質量 $2m$ の小物体 A に軽くて長い糸を付けて，滑らかに動く軽い滑車を介して他端に質量 m の小物体 B をつるし，静かに放したところ，B は降下を始め，同時に A は滑り始めた。机の面と物体 A との間の動摩擦係数が 0.2 のとき，糸の張力を求めよ。

ただし，重力加速度の大きさを g とする。

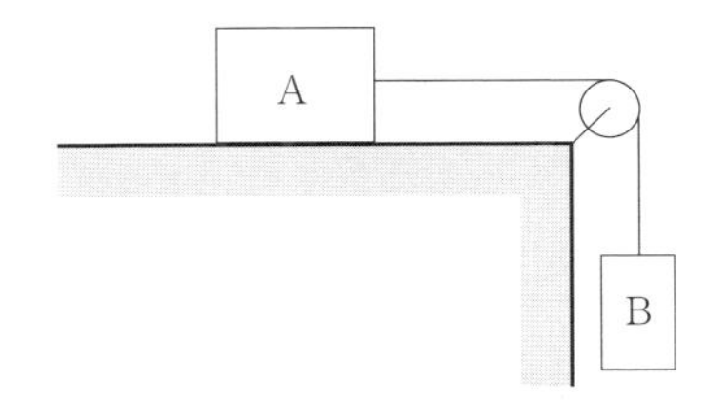

本問題の運動情報を問題図に追記する。

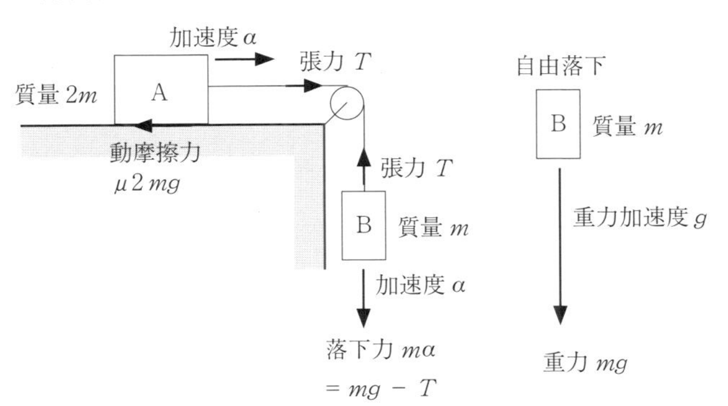

小物体 B について，糸の張力がなければ重力 mg をすべて受けた自由落下となる。本問題は重力 mg が上向きの張力 T に抑えられて

$$ma = mg - T \quad \text{下向き} \tag{43.1}$$

とBの落下運動が表される。式 (43.1) から加速度 α を導出する。

$$\alpha = g - \frac{T}{m} \tag{43.2}$$

一方，小物体Aは小物体Bと糸で連動しており，物体Bの落下加速度 α と同じくAは横向きに加速度 α で右移動する。よって，張力 T によって小物体Aが加速度 α で右移動する。ただし張力 T から動摩擦力 $\mu 2mg$ が抑えられる。

$$T - \mu 2mg = 2m\alpha \quad \text{横向き} \tag{43.3}$$

式 (43.3) に式 (43.2) の加速度 α を代入する。

$$T = 2m\left(g - \frac{T}{m}\right) + \mu 2mg = 2mg - 2T + \mu 2mg \tag{43.4}$$

式 (43.4) を張力 T について導出し，本問題の数値 $\mu = 0.2$ を代入する。

$$T = \frac{2mg(1+\mu)}{3} = \frac{2mg(1+0.2)}{3} = \underline{\underline{0.8mg}} \tag{43.5}$$ 答

物・練習問題 4　　R2 国家一般職

図のように，滑らかな水平面上を速さ V_0 で等速直線運動している質量 $7m$ の小物体Aが，質量 $2m$ の小物体Bと質量 $5m$ の小物体Cに瞬間的に分裂した。BとCは，Aと同じ方向にそれぞれ等速直線運動をしたが，BはCから見て速さ v で進行方向後方に離れていった。このとき，Cの速さを求めよ。

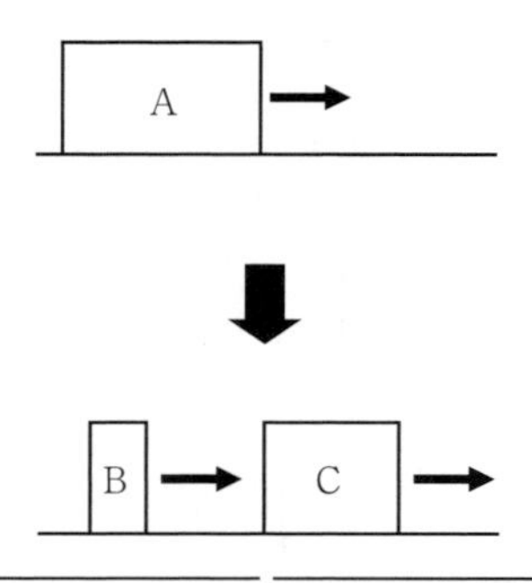

問題44

H24 国家一般職

図のように，軽い滑車を用いて，釣り合いを保ちながら質量 20 kg の小物体を鉛直上向きに 1.0 m 引き上げたとき，糸を引く力 F の大きさおよび F がした仕事を求めよ。

ただし，重力加速度の大きさを $10\,\mathrm{m/s^2}$ とし，滑車と糸の摩擦は無視できるものとする。

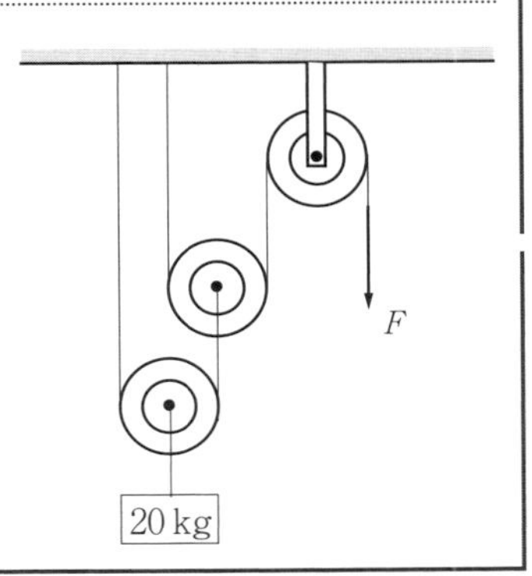

解答

動滑車は左右両方の糸で釣り上げるため，引っ張る力を 0.5 倍に半減できる。ただし，仕事量は同じであるため力が 0.5 倍に半減しても，糸を引っ張る距離は 2 倍になる。これを基に本問題の運動情報を問題図に記入する。

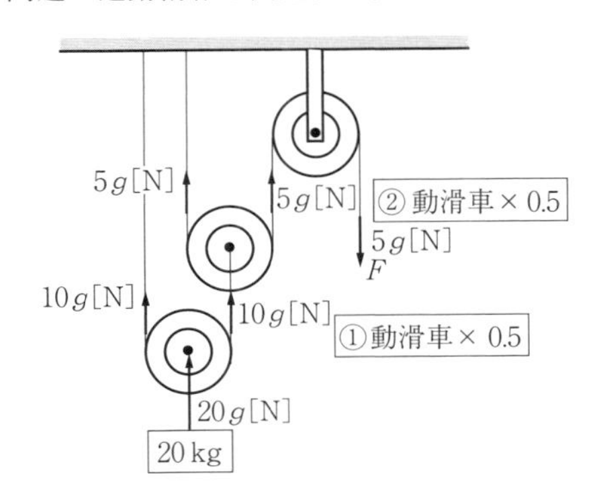

図に基づき糸を引く力の大きさ F は動滑車を二つ経ることから

$$F = mg \times \frac{1}{2} \times \frac{1}{2} = 20[\mathrm{kg}] \times 10[\mathrm{m/s^2}] \times \frac{1}{2} \times \frac{1}{2} = \underline{\underline{50[\mathrm{N}]}} \quad \text{(答)} \tag{44.1}$$

である。次に仕事は公式

仕事　$W = F$（力）$\times\, s$（移動距離）

を用いる。ただし移動距離 s に対し動滑車は二つなので 4 倍にする。

$$W = F[\mathrm{N}] \times s[\mathrm{m}] \times 4[\text{倍}] = 50[\mathrm{N}] \times 1.0[\mathrm{m}] \times 4 = \underline{\underline{200[\mathrm{J}]}} \quad \text{(答)} \tag{44.2}$$

2.5　遠心力

問題45

H28 国家一般職

自然長 L の軽いばねの一端を天井に固定し，他端に小球をつるして静止させたところ，ばねの長さは $\frac{3}{2}L$ になった。次に，同じ小球とばねを用いて，図のように，ばねが常に鉛直線と角 θ をなすように小球を水平面内で等速円運動させたとき，ばねの長さは $2L$ であった。このとき，小球の速さを求めよ。

ただし，重力加速度の大きさを g とする。

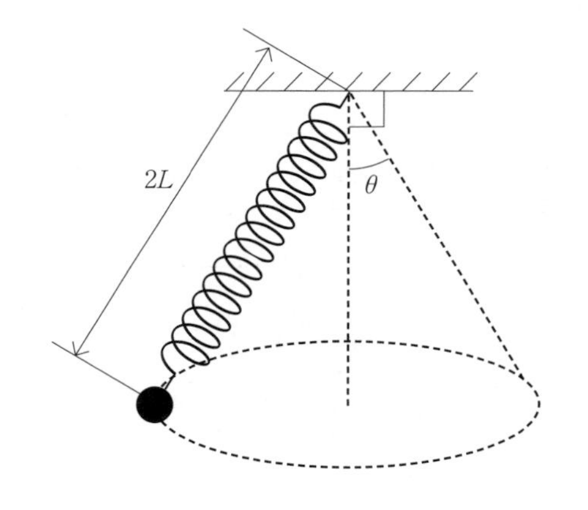

本問題では①回転による遠心力と②重力の二つの力によってばねが伸びている。小球の質量を m とし，本問題の図に運動情報を記入した図を示す。

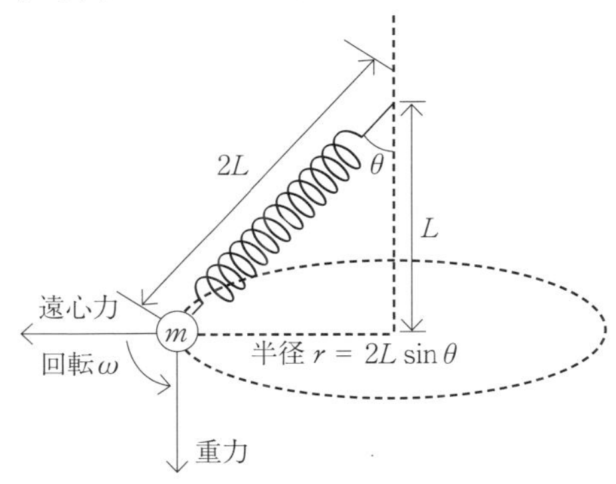

上図より，重力は下方向，遠心力は外側横向きに作用し，その結果ばねは θ 斜めの方向に伸びている。すなわち，各力をベクトル分解して合力を求める。まず，①遠心力とばね力のベクトルは下図のように表せる。

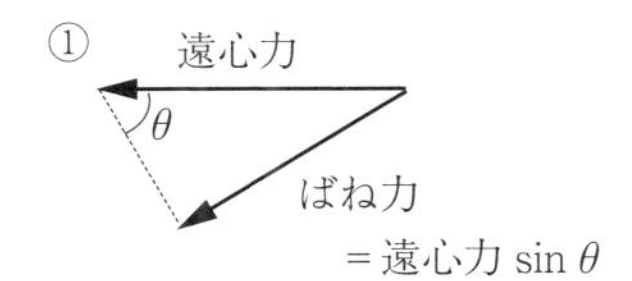

遠心力は公式

遠心力　$F(\text{遠心力}) = mr\omega^2$，$\omega\,(\text{角速度})\,[\text{rad}] = \dfrac{v}{r}$

から算出する。これより，遠心力がばねに作用する力は

$$F_{\text{遠心力}} = mr\omega^2 = mr\left(\frac{v}{r}\right)^2 = m\frac{v^2}{r} = \frac{mv^2}{2L\sin\theta} \tag{45.1}$$

$$F_{\text{遠心力ばね力}} = F_{\text{遠心力}}\ \sin\theta = \frac{mv^2}{2L} \tag{45.2}$$

次に，②重力とばね力のベクトルは下図のように表せる。

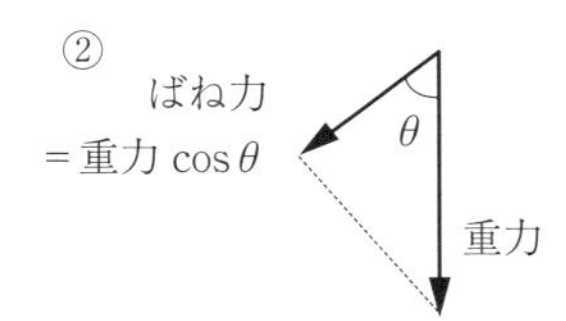

重力がばねに作用する力を求める。

$$F_{\text{重力}} = mg \tag{45.3}$$

$$F_{\text{重力ばね力}} = F_{\text{重力}} \cos\theta = mg\cos\theta \tag{45.4}$$

よって，ばね力は①遠心力のばね作用と②重力のばね作用を合計する。

$$F_{\text{ばね力}} = F_{\text{遠心力ばね力}} + F_{\text{重力ばね力}} = \frac{mv^2}{2L} + mg\cos\theta \tag{45.5}$$

ところで，ばね定数 k を求める。題意より自然長 L のばねに質量 m の物体を付けると，$\frac{3}{2}L$ の長さに伸びた。すなわち，伸び量は下図のように質量 m の重力 mg によって $x = \frac{1}{2}L$ だけ伸びる。

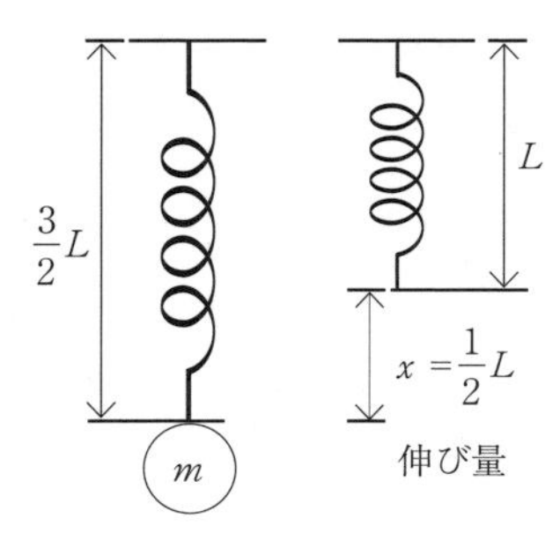

よって公式

フックの法則　F(ばね力) = k(ばね定数)x(伸び量)

を用いて，ばね定数 k は

$$mg = kx \tag{45.6}$$

$$k = \frac{mg}{x} \tag{45.7}$$

である。式 (45.7) の x に本問題における重力 mg に対するばねの伸び量 $\frac{1}{2}L$ を代入する。

$$k = \frac{mg}{\frac{1}{2}L} = \frac{2mg}{L} \tag{45.8}$$

本問題では重力と遠心力によってばねは $2L$ の長さである。ばね自然長が L なのでばねの伸び量は L である。よって本問題のばね力は

$$F_{\text{ばね力}} = kx = \frac{2mg}{L}L = 2mg \tag{45.9}$$

である。式 (45.9) と式 (45.5) を比較する。

$$F_{ばね力} = \frac{mv^2}{2L} + mg\cos\theta = 2mg \tag{45.10}$$

次に，$\cos\theta$ については下図の関係図

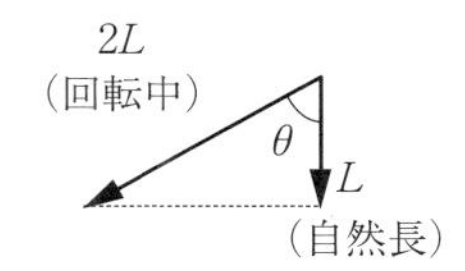

を参考にすると

$$\cos\theta = \frac{L}{2L} = \frac{1}{2} \tag{45.11}$$

を得る。式 (45.11) の $\cos\theta = \dfrac{1}{2}$ を式 (45.10) に代入する。

$$\frac{mv^2}{2L} + mg\frac{1}{2} = 2mg \tag{45.12}$$

最後に，式 (45.12) を v について導出する。

$$v = \sqrt{3gL} \quad \text{答} \tag{45.13}$$

問題46

H27 国家一般職

半径 R の地球の周りを，地表から R の高さで等速円運動する人工衛星の速さを求めよ。

ただし，地表における重力加速度の大きさを g とする。

人工衛星の速さを v として，本問題の状況を下図に示す。

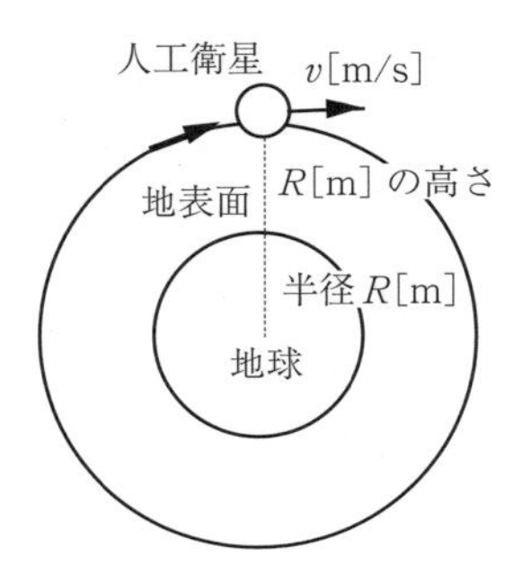

公式

遠心力　F(遠心力) $= mr\omega^2$，ω（角速度）[rad] $= \dfrac{v}{r}$

万有引力　F(万有引力) $= G\dfrac{Mm}{r^2}$

を用いて，本問題では地球の中心から人工衛星までの距離 $2R$ の万有引力は人工衛星の遠心力と釣り合うため，以下の式のように表される。

$$G\frac{Mm}{r^2} = mr\omega^2 \tag{46.1}$$

式 (46.1) に $\omega = \dfrac{v}{r}$ と回転中心からの距離 $r = 2R$ を代入し，v について導出する。

$$G\frac{Mm}{r^2} = m2R\left(\frac{v}{2R}\right)^2 \tag{46.2}$$

$$v^2 = \frac{GM}{2R} \tag{46.3}$$

$$v = \sqrt{\frac{GM}{2R}} \tag{46.4}$$

一方，地表面上の人工衛星の重力とその万有引力が釣り合うため

$$mg = G\frac{Mm}{r'^2} \tag{46.5}$$

と表せる。式 (46.5) の r' は半径 R の地表面に質量 m があった場合を表す。よって式 (46.5) に $r' = R$ を代入し，GM について導出する。

$$GM = R^2 g \tag{46.6}$$

式 (46.6) を式 (46.4) の GM に代入する。

$$v = \sqrt{\frac{R^2 g}{2R}} = \sqrt{\frac{gR}{2}} \tag{46.7}$$

答

物・練習問題 5 R1 国家一般職

滑らかな水平面上で周期 T の等速円運動をする小球に働く向心力の大きさが F であった。この小球が同じ半径で周期 $4T$ の等速円運動をするとき，小球に働く向心力の大きさを求めよ。

問題 47

H26 国家一般職

図のように，質量 m の小球を付けた長さ L の糸の一端を天井に付けて，鉛直方向と糸のなす角が $60°$ となるように小球を水平面内で等速円運動させた。このとき，この円運動の周期を求めよ。

ただし，重力加速度の大きさを g とする。

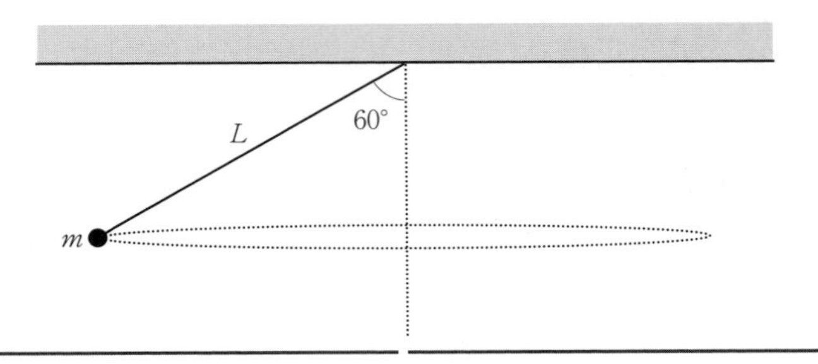

本問題図の詳細を下図に示す。

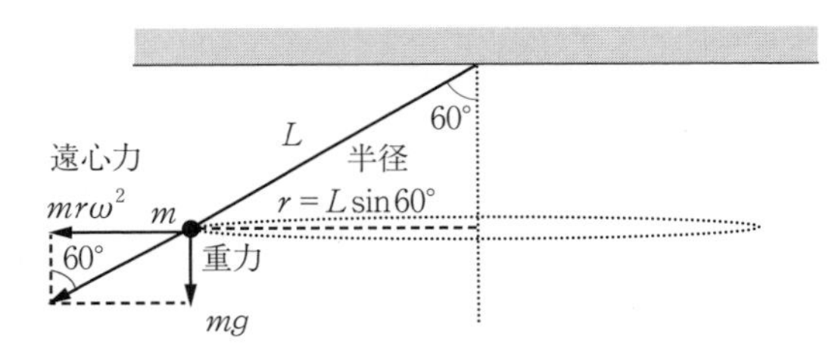

本問題は重力と遠心力のベクトル合力の向きが糸の傾きとなる。公式

遠心力　$F(\text{遠心力}) = mr\omega^2$，$\omega\,(\text{角速度})\,[\text{rad}] = \dfrac{v}{r}$

重力　$F = mg$

を用いて，遠心力と重力は，図より，半径 r は糸の長さ L に対して $r = L\sin 60°$ の関係である。これを代入する。

$$\tan 60° = \frac{F(\text{遠心力})}{F(\text{重力})} = \frac{mr\omega^2}{mg} = \frac{mL\sin 60°\ \omega^2}{mg} = \frac{L\dfrac{\sqrt{3}}{2}\omega^2}{g} \qquad (47.1)$$

$\tan 60°$ は数学の公式

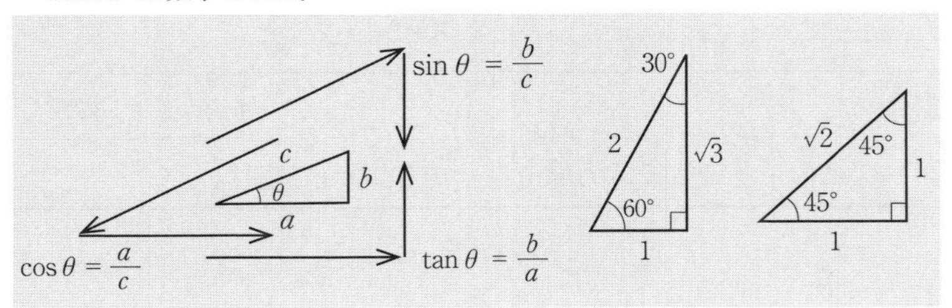

を用いて

$$\tan 60° = \frac{\sqrt{3}}{1} = \sqrt{3} \tag{47.2}$$

である。式 (47.1) と式 (47.2) を比較して

$$\frac{L\dfrac{\sqrt{3}}{2}\omega^2}{g} = \sqrt{3} \tag{47.3}$$

$$\omega = \sqrt{\frac{\sqrt{3}\,g}{\dfrac{\sqrt{3}}{2}L}} = \sqrt{\frac{2g}{L}} \tag{47.4}$$

を得る。ここで公式

角速度と周期　$\omega\,[\mathrm{rad/s}] \times T\,[\mathrm{s}] = 2\pi\,[\mathrm{rad}]$

より

$$\omega = \frac{2\pi}{T} \tag{47.5}$$

を得る。式 (47.4) に式 (47.5) を代入し，周期 T について導出する。

$$T = \frac{2\pi}{\sqrt{\dfrac{2g}{L}}} = 2\pi\sqrt{\frac{L}{2g}} = \underline{\pi\sqrt{\frac{2L}{g}}} \text{ (答)} \tag{47.6}$$

2.6 単　位

問題48　　H25 国家一般職

エネルギーの単位 J と電気抵抗の単位 Ω とを SI 単位で表せ。

公式

電気　電圧　$V[\mathrm{V}] = R(\text{抵抗})[\Omega] \cdot I(\text{電流})[\mathrm{A}]$

電力　$W[\mathrm{W}] = W[\mathrm{J \cdot s^{-1}}] = W[\mathrm{kg \cdot m^2 \cdot s^{-3}}] = VI = V\dfrac{v^2}{r} = RI^2$

単位　エネルギー　$1[\mathrm{J}] = 1[\mathrm{N \cdot m}]$

仕事　$1[\mathrm{N \cdot m}] = 1[\mathrm{kg \cdot ms^{-2} \cdot m}] = 1[\mathrm{kg \cdot m^2 \cdot s^{-2}}]$

仕事率　$1[\mathrm{J \cdot s^{-1}}] = 1[\mathrm{N \cdot m \cdot s^{-1}}] = 1[\mathrm{kg \cdot m^2 \cdot s^{-3}}]$

より，エネルギーの単位 J について

$$E[\mathrm{J}] = [\mathrm{N \cdot m}] = [\mathrm{kg \cdot m \cdot s^{-2} \cdot m}] = \underline{[\mathrm{kg \cdot m^2 \cdot s^{-2}}]} \text{ 答} \tag{48.1}$$

と表される。次に，電気抵抗の単位 Ω については

$$R = \frac{W[\mathrm{kg \cdot m^2 \cdot s^{-3}}]}{I^2[\mathrm{A^2}]} = \underline{[\mathrm{kg \cdot m^2 \cdot s^{-3} \cdot A^{-2}}]} \text{ 答} \tag{48.2}$$

を導出する。

2.7　ば　ね

問 題 49

H29 国家一般職

自然長が等しく，ばね定数がそれぞれ k_1，k_2 の二つの軽いばねがある。図のように，これらのばねを直列に接続した場合の合成ばね定数 K_S と，並列に接続した場合の合成ばね定数 K_P を求めよ。

なお，合成ばね定数とは，接続したばね全体を一つのばねとみなしたときのばね定数である。

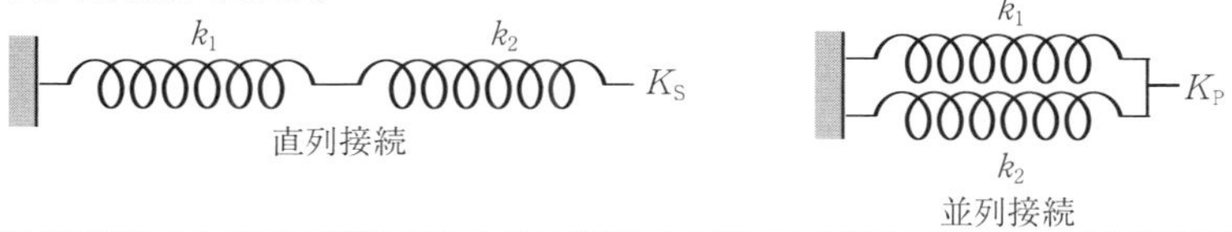

解 答

公式

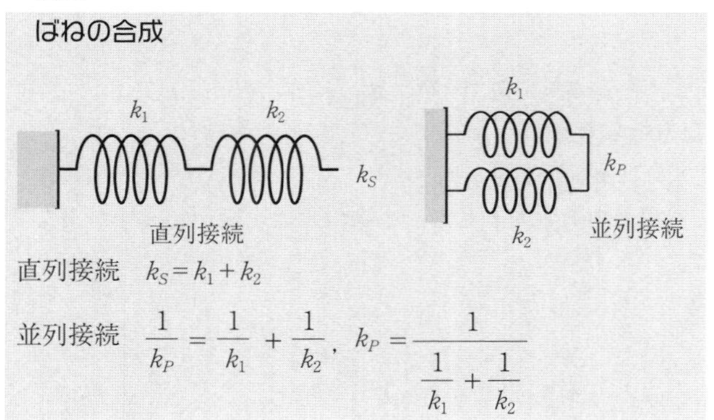

直列接続　$k_S = k_1 + k_2$

並列接続　$\dfrac{1}{k_P} = \dfrac{1}{k_1} + \dfrac{1}{k_2}$，$k_P = \dfrac{1}{\dfrac{1}{k_1} + \dfrac{1}{k_2}}$

をそのまま用いて

$$\text{直列接続}\quad K_S = k_1 + k_2 \quad \text{(答)} \tag{49.1}$$

$$\text{並列接続}\quad K_P = \frac{1}{\dfrac{1}{k_1} + \dfrac{1}{k_2}} = \frac{k_1 k_2}{k_1 + k_2} \quad \text{(答)} \tag{49.2}$$

問題50

H26 国家一般職

図のように，剛体壁に固定されたばね定数 80 N/m の軽いばねと接続され，水平かつ滑らかな床の上に置かれた質量 0.2 kg の小物体について，ばねが自然の長さとなる位置から x 軸正方向に 0.1 m だけ引っ張り，時刻 $t = 0$ s において静かに離したところ，小物体は単振動した。このとき，任意の時刻 t における小物体の速度 $\dfrac{dx(t)}{dt}$ [m/s] を求めよ。

ただし，任意の時刻 t における小物体の位置を $x(t)$，時刻 $t = 0$ s における小物体の位置を $x(0) = 0.1$ m とする。

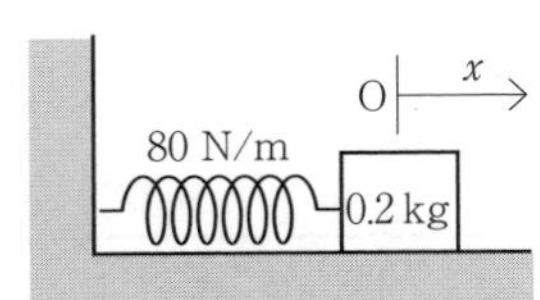

解答

ばねの公式

フックの法則　F(ばね力) $= k$(ばね定数)x(伸び量)

より，本問題におけるばね力を求める。

$$F = kx = 80[\mathrm{N/m}] \times 0.1[\mathrm{m}] = 8[\mathrm{N}] \tag{50.1}$$

本問題は 0.1[m] 伸ばしたばね力を入力として，小物体の加速度 a[m/s^2] が出力である。小物体の運動は公式

慣性の法則　$F = ma$

より

$$a = \frac{F}{m} = \frac{8[\mathrm{N}]}{0.2[\mathrm{kg}]} = 40[\mathrm{m/s^2}] \tag{50.2}$$

を得る。ばね力に対する小物体の運動は

$$-kx(t) = m\frac{d^2x(t)}{dt^2} \tag{50.3}$$

と表される。式 (50.3) の微分方程式について一般解は

$$x(t) = x(0)\sin(\omega t + \theta) \tag{50.4}$$

である。式 (50.4) の sin を cos と置き，位相差なし $\theta = 0$ とする。

$$x(t) = x(0)\cos(\omega t) \tag{50.5}$$

題意より $x(0) = 0.1[\mathrm{m}]$ を代入する。

$$x(t) = 0.1\cos\omega t \tag{50.6}$$

式 (50.6) について，数学の公式

微分　$(\sin\omega t)' = \omega\cos\omega t$，$(\cos\omega t)' = -\omega\sin\omega t$

を用いて，$\dfrac{dx(t)}{dt}$ [m/s] を求める。

$$\frac{dx(t)}{dt} = -0.1\omega\sin\omega t \tag{50.7}$$

次に，公式

固有角周波数　$\omega_0[\mathrm{rad/s}] = \sqrt{\dfrac{k}{m}}$

を本問題について解く。

$$\omega_0 = \sqrt{\frac{k}{m}} = \sqrt{\frac{80[\mathrm{N/m}]}{0.2[\mathrm{kg}]}} = 20[\mathrm{rad/s}] \tag{50.8}$$

式 (50.8) を式 (50.7) の ω に代入する。

$$\frac{dx(t)}{dt} = -0.1\times\omega\sin\sqrt{\frac{k}{m}}\,t = -0.1\times 20\sin 20t = \underline{\underline{-2\sin 20t}} \text{ (答)} \tag{50.9}$$

物・練習問題 6　R1 国家一般職

図のように，水平で滑らかな床の上に置かれた質量 m の小物体に，ばね定数 k，$3k$ の二つの軽いばねの一端を取り付け，それぞれのばねの他端を壁に固定した。この小物体が単振動しているとき，単振動の周期を求めよ。

ただし，二つのばねの振動方向は常に同一直線上にあるものとする。

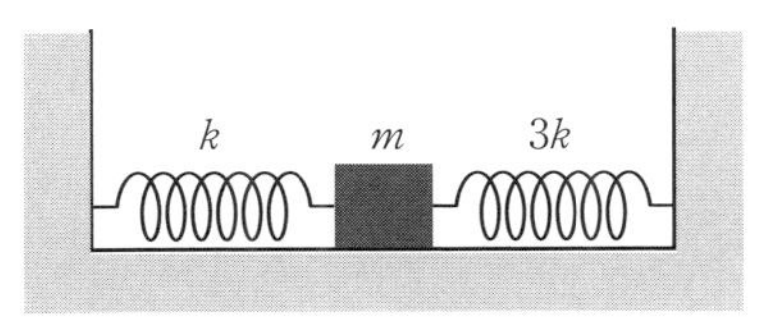

問題51

H25 国家一般職

ばね定数 k の軽いばねの上端を天井に取り付け，自然長の状態とした。ここで，質量 m の小物体をばねの下端に取り付け，自然長の状態から手を放したところ，小物体は振動し始めた。小物体が最も下方に来たときの，自然長の状態からのばねの伸びはいくらか。

ただし，重力加速度の大きさを g とする。

本問題のばねの伸びを下図に示す。

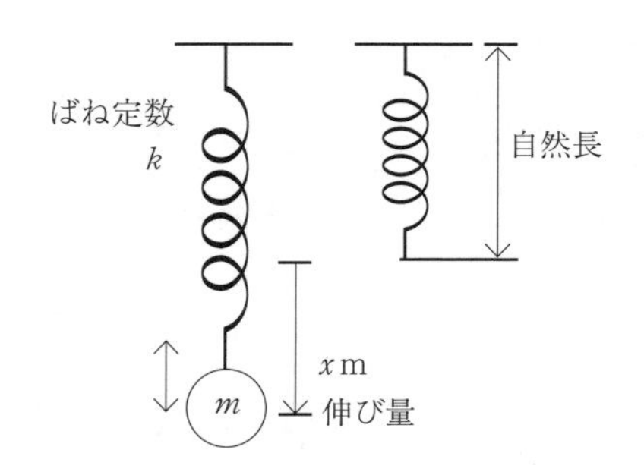

本問題において，ばねの初期位置における位置エネルギーは公式

位置エネルギー　U(位置エネルギー) $= F[\mathrm{N}] \times h[\mathrm{m}] = mgh$

より

$$U = mgx \tag{51.1}$$

である。一方，ばねが蓄えるエネルギーは公式

ばね蓄積エネルギー　E(ばね蓄積エネルギー) $= \dfrac{1}{2}k$ (ばね定数)x(ばね伸び量)^2

より

$$E = \frac{1}{2}kx^2 \tag{51.2}$$

である。位置エネルギー式 (51.1) とばね蓄積エネルギー式 (51.2) は釣り合うので

$$mgx = \frac{1}{2}kx^2 \tag{51.3}$$

となる。式 (51.3) について x を導出する。

$$x = \frac{2mg}{k} \quad (答) \tag{51.4}$$

物・練習問題 7 R4 国家一般職

図のように，水平で滑らかな床の上に置かれた質量 m の小物体にばね定数 k の軽いばねを一端に取り付け，ばねの他端を壁に固定した。小物体を引いて，ばねを自然長から d だけ伸ばしたところで静かに放すと，小物体は周期 T_1 で単振動した。次に，小物体 $2m$ のものに，軽いばねをばね定数 $4k$ のものにそれぞれ変え，小物体を引いて，ばねを自然長から $3d$ だけ伸ばしたところで静かに放すと，小物体は周期 T_2 で単振動した。このとき，$\dfrac{T_2}{T_1}$ を求めよ。

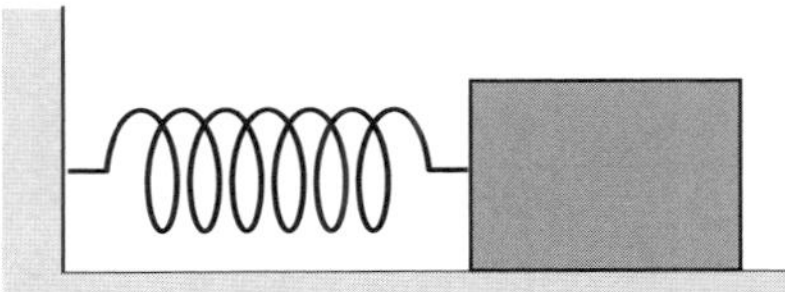

2.8　振　動

問題52

H29 国家一般職

　図のように，長さ L の 2 本の糸に，質量がそれぞれ $2m$，m の小球 A，B を取り付け，それぞれを天井の点 O からつるし，鉛直線と角 θ，2θ をなすように支えている。いま，小球 A，B を同時に放すとき，小球 A，B を放してから小球 A，B が最初に衝突するまでの時間はいくらか。

　ただし，小球 A，B は，同一平面上を運動するものとする。また θ は十分小さいものとし，重力加速度の大きさを g とする。

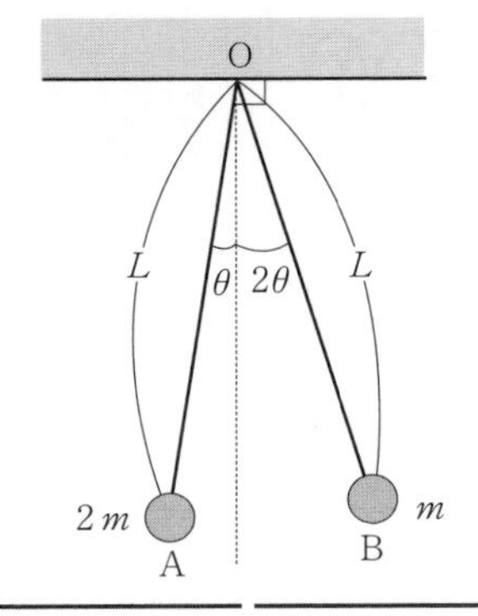

解答

本問題における小球 A，B の振幅の様子を下図に示す。

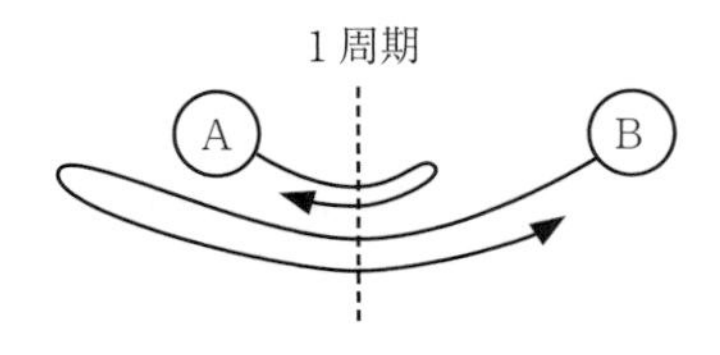

一見すると A よりも B の方が振れに時間がかかる気がする。しかしながら公式

単振り子の周期　$T[\mathrm{s}] = 2\pi\sqrt{\dfrac{l}{g}}$

より，質量 m や振れ角 θ の違いは関係しない。すなわち，小球 A も B も同一の周期

となり，鉛直線上で衝突することがわかる。

小球 A と B が衝突するまでの経路は$\frac{1}{4}$周期である。よって

$$\frac{1}{4}T[\mathrm{s}] = \frac{1}{4}\times 2\pi\sqrt{\frac{L}{g}} = \underline{\underline{\frac{\pi}{2}\sqrt{\frac{L}{g}}}} \quad \text{(答)} \tag{52.1}$$

問題53

H28 国家一般職

図のような直線上において，ある物体が点Oを中心として，周期12s，振幅1.0mで単振動している。この物体が点Cから点Aまで移動するのにかかる時間を求めよ。

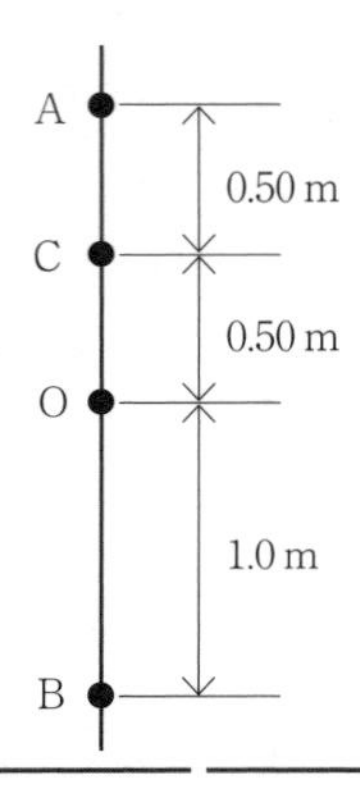

解答

本問題の運動について横軸を時間ωt，縦軸を振幅yとして下図に表す。

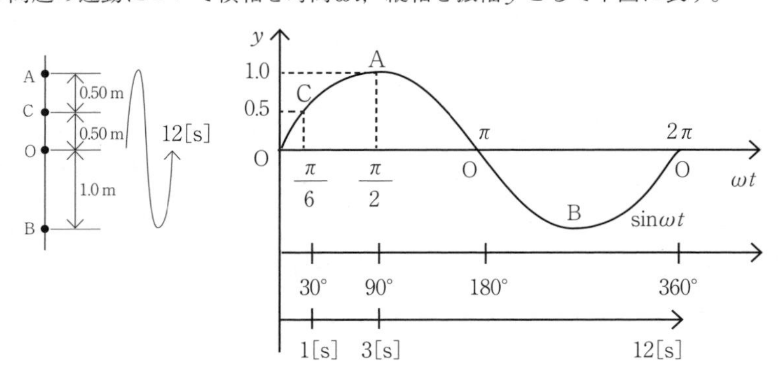

図は正弦波であることから

$$y = 1.0 \sin \omega t \tag{53.1}$$

である。公式

角速度と周期　ω [rad/s] × T [s] = 2π [rad]

より，本問題の角速度ωは

$$\omega = \frac{2\pi}{T} = \frac{2\pi}{12} = \frac{\pi}{6}\ [\mathrm{rad/s}] = 30[^\circ/\mathrm{s}] \tag{53.2}$$

を得る。$\sin\frac{\pi}{2}$（90°）のとき最大値となることから，$t=3[\mathrm{s}]$において$\omega t=\frac{\pi}{2}$となり，最大値 1.0 に到達する。次に，OA の半分である OB の振幅 0.5 に到達する時間を求める。式（53.1）について$\sin\omega t=\frac{1}{2}$となるのは，数学の公式

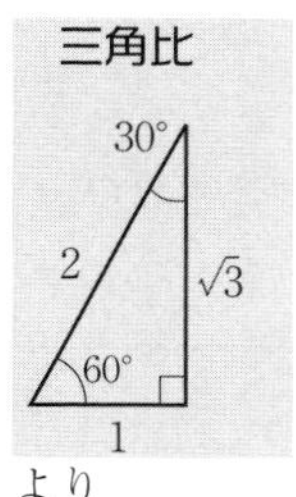

より

$$\sin 30^\circ = \sin\frac{\pi}{6} = \frac{1}{2} \tag{53.3}$$

のように，$\omega t=\frac{\pi}{6}$の時である。$t=3[\mathrm{s}]$において$\omega t=\frac{\pi}{2}$より，OC 間の$\omega t=\frac{\pi}{6}$は$t=1[\mathrm{s}]$である。これより OA 間が 3[s]，OC 間が 1[s] かかることから，CA 間は OA 間から OC 間を引き

$$\text{CA 間} = 3[\mathrm{s}](\text{OA 間}) - 1[\mathrm{s}](\text{OC 間}) = \underline{2[\mathrm{s}]}\ \text{(答)} \tag{53.4}$$

を得る。

2.9 浮 力

問題54

H29 国家一般職

均質で同じ密度の材料でできた，体積 V の球 A，体積 $2V$ の球 B，体積 $3V$ の立方体 C を水中に沈め，静かに放したところ，球 A，球 B，立方体 C は水面に向かって浮かび上がった。このとき，球 A，球 B，立方体 C の水中での加速度 a_A，a_B，a_C の大きさの大小関係を示せ。

ただし，球 A，球 B，立方体 C には浮力と重力のみが作用するものとする。

本問題における物体に浮力がかかり上方へ加速している状況を下図に示す。

ρ_w：水密度

ρ：球材料密度

浮力（押しのけた液体重量）

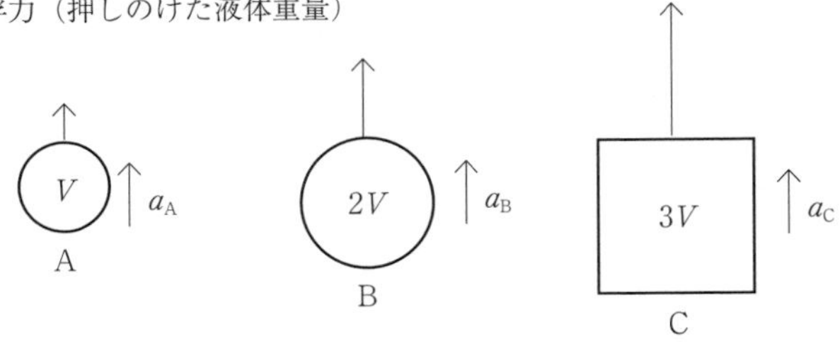

物体の加速度は浮力から物体の重力を引くことで求められる。

公式

水浮力　F(浮力) = ρ_w(水密度) V_w(物体が水を押しのけた体積) g

を用いて

$$\rho_w V_w g(\text{浮力}) - \rho V'(\text{物体の体積})g(\text{重力}) = \rho V' a \tag{54.1}$$

と表される。本問題の球 A，B，C は水中に全没しているので $V_w = V'$ である。まず，式 (54.1) を $a = a_A$，$V' = V$ について導出する。

$$a_A = \frac{\rho_w - \rho}{\rho} g \tag{54.2}$$

次にBについて式 (54.1) を $a = a_B$, $V' = 2V$ として求める。

$$\rho_w 2Vg - \rho 2Vg = \rho 2Va_B \tag{54.3}$$

$$a_B = \frac{\rho_w - \rho}{\rho} g \tag{54.4}$$

続いて，Cについて式 (54.1) を $a = a_C$, $V' = 3V$ として求める。

$$\rho_w 3Vg - \rho 3Vg = \rho 3Va_B \tag{54.5}$$

$$a_C = \frac{\rho_w - \rho}{\rho} g \tag{54.6}$$

式 (54.2)，式 (54.4) および (54.6) を比較すると加速度 a_A, a_B, a_C の大きさは等しい。よって

$$a_A = a_B = a_C \quad \text{(答)} \tag{54.7}$$

である。

物・練習問題 8 R3 国家一般職

図のように，体積が等しくそれぞれ均質な二つの球A，Bをロープでつないで水に入れたところ，Aの体積のちょうど半分が水面から上に出た状態で，ロープがたるまずに浮かんだ。この状態から，ロープを静かに切ったところ，Bは下降し始めた。水の密度が ρ，Aの密度が $\frac{1}{4}\rho$ であるとき，Bの密度 ρ_B とロープを切った瞬間のBの加速度 a_B の大きさを求めよ。

ただし，重力加速度の大きさを g とし，空気による浮力，ロープの質量と体積は無視できるものとする。

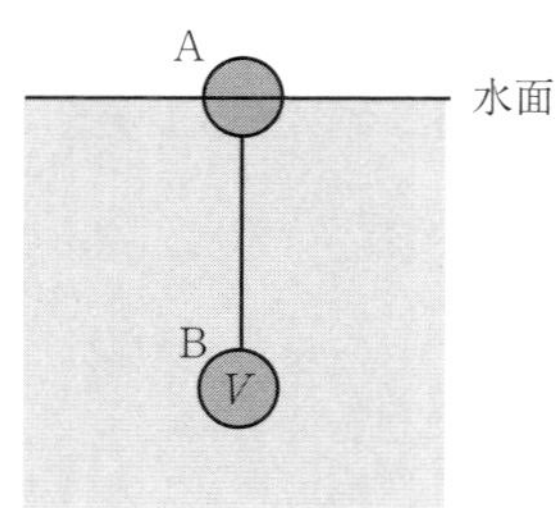

問 題 55

H24 国家一般職

密度 1.10 g/cm^3 の液体に，密度 0.90 g/cm^3 の一様な球が浮かんでいる。液面より上に出ている部分の体積は，球全体の体積のおよそ何％か。

本問題の状況を下図に表す。

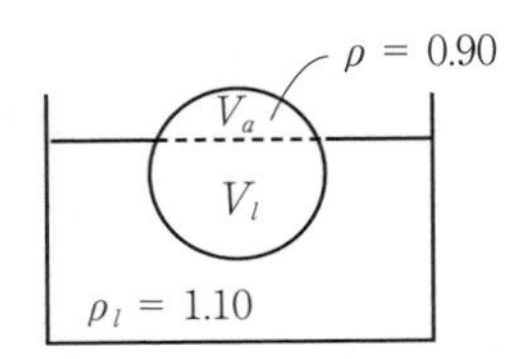

浮力は公式

水浮力　F(浮力) = ρ_w(水密度) V_w(物体が水を押しのけた体積)g

を用いて

$$\rho Vg = \rho_l V_l g \tag{55.1}$$

$$\rho_l = 1.10[\mathrm{g/cm^3}] \tag{55.2}$$

と表す。ここで式 (55.1) の V_l は液中に没した体積を表す。浮力と重力が釣り合って本問題のように浮かんだ状態となる。よって

$$\rho_l V_l g = \rho Vg \tag{55.3}$$

と表される。よって，球全体に対して液中に没した体積の比率は

$$\frac{V_l}{V} = \frac{\rho}{\rho_l} = \frac{0.9}{1.10} = \frac{9}{11} \tag{55.4}$$

である。本問題は球全体 V に対して，液面より上に出ている部分 $V_a = V - V_l$ との比率である。

$$\frac{V_a}{V} = \frac{V - V_l}{V} = 1 - \frac{V_l}{V} = 1 - \frac{9}{11} = \frac{2}{11} \cong 0.18 = \underline{18[\%]} \text{ 答} \tag{55.5}$$

2.10 圧　力

問題56

H28 国家一般職

図Ⅰのように，断面積が $10\,\mathrm{cm}^2$ のピストン付きシリンダに内部および周囲の圧力は，$1.0 \times 10^5\,\mathrm{Pa}$ であった。いま，ピストン上に，ある質量のおもりを載せたところ，シリンダ内の気体の温度が変化することなくピストンがゆっくりと下がり，図Ⅱのように，ピストンが初めの状態から $1.0\,\mathrm{cm}$ 下がって静止した。このとき，おもりの質量はおよそいくらか。

ただし，重力加速度の大きさを $10\,\mathrm{m/s^2}$ とする。また，シリンダ内壁とピストンの間には漏れおよび摩擦はなく，ピストンの質量は無視できるものとする。

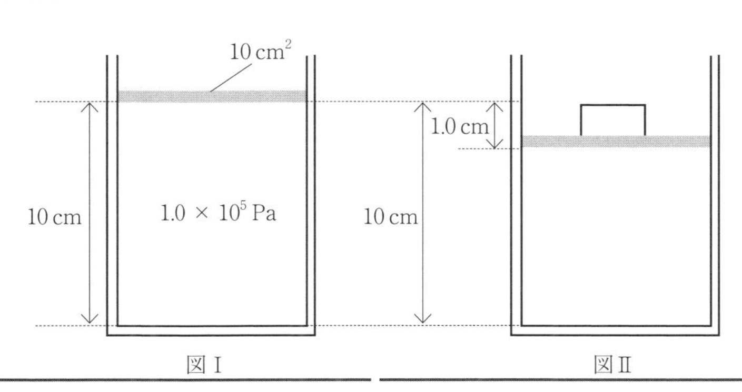

図Ⅰ　図Ⅱ

本問題の情報を問題図に追記する。

大気圧　1.0×10^5[Pa][N/m^2]

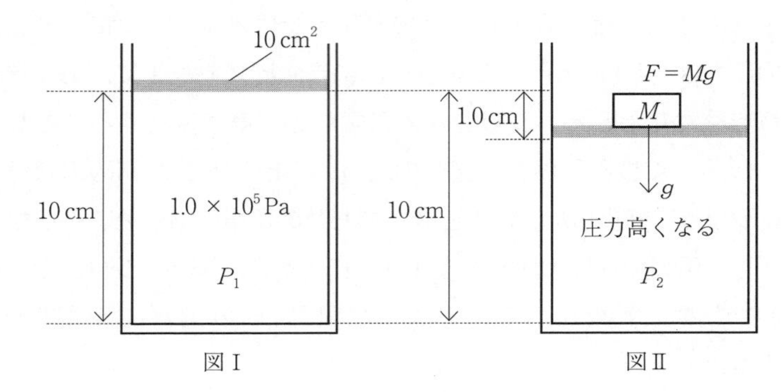

図Ⅰ　　図Ⅱ

公式

等温変化　$P_1V_1 = P_2V_2$

より

$$P_2 = \frac{V_1}{V_2} P_1 \tag{56.1}$$

ここで圧力差 $P_2 - P_1$ は単位面積当たりのおもり重量 mg/s(断面積) によって生じるため

$$P_2 - P_1 = \frac{mg}{s} \tag{56.2}$$

と表される。式 (56.2) の P_2 に式 (56.1) を代入する。

$$\left(\frac{V_1}{V_2} - 1\right) P_1 = \frac{mg}{s} \tag{56.3}$$

式 (56.3) を m について導出する。

$$m = \frac{\left(\frac{V_1}{V_2} - 1\right) s}{g} P_1 = \frac{\left(\frac{100[\text{cm}^3]}{90[\text{cm}^3]} - 1\right) \times 10[\text{cm}^2]}{10[\text{mg/s}^2]} 1.0 \times 10^5\ [\text{N/m}^2]$$

$$= \frac{\frac{1}{9} \times 10^{-3}[\text{m}^2]}{10[\text{m/s}^2]} 1.0 \times 10^5\ [\text{kg/(s}^2 \cdot \text{m)}] = \frac{10}{9} \cong \underline{1.1[\text{kg}]}\ \text{答} \tag{56.4}$$

問題57

H26 国家一般職

内側の一辺の長さが 10 cm である正方形の断面をもつコの字形の容器を水平面上に置き，水を 10 000 cm^3 入れた後，一方の水面に軽い板を介して 10 N の鉛直力を作用させたところ，水面の位置は図のように静止した。このとき，水圧の最大値はおよそいくらか。

ただし，水の密度を 1.0×10^3 kg/m^3，重力加速度の大きさを 10 m/s^2 とする。

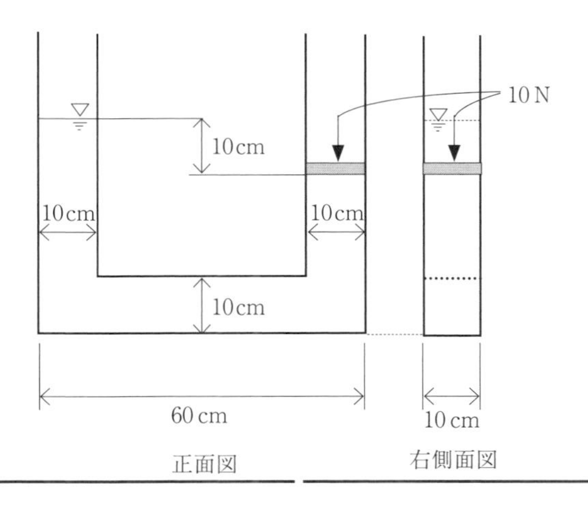

本問題の情報を問題図に追記する。

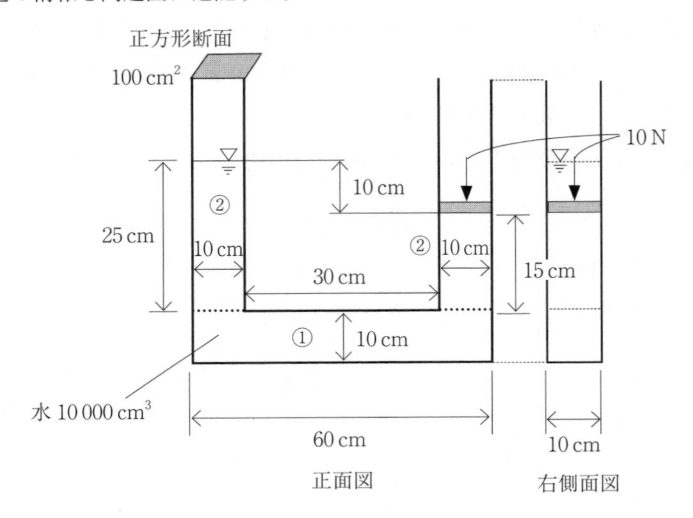

図は点線を境に領域①とそれ以外の領域②に分類した。領域①の容積は

$$10[\mathrm{cm}] \times 10[\mathrm{cm}] \times 60[\mathrm{cm}] = 6\,000[\mathrm{cm}^3] \quad ① \tag{57.1}$$

次に，領域②は水 $10\,000[\mathrm{cm}^3]$ から領域①を引いた残量である。

$$10\,000[\mathrm{cm}^3] - 6\,000[\mathrm{cm}^3] = 4\,000[\mathrm{cm}^3] \quad ② \tag{57.2}$$

領域②に注目すると左と右で水面差は $10[\mathrm{cm}]$ である。式 (57.2) より領域②の左右合計水量 $4\,000[\mathrm{cm}^3]$ は左の高さ $25[\mathrm{cm}]$，右の高さ $15[\mathrm{cm}]$ のときに合計水量 $4\,000[\mathrm{cm}^3]$ と水面差は $10[\mathrm{cm}]$ を共に満たす。水圧は底面から水面までの高さによって決定される。水面が高い左側に注目すると

$$1[\mathrm{m}^2] \times (0.25 + 0.1)[\mathrm{m}] \times 1\,000\ [\mathrm{kg/m}^3] \times 10\ [\mathrm{m/s}^2]$$
$$= 3\,500[\mathrm{N}] = \underline{3.5[\mathrm{kN}]}\ \text{(答)} \tag{57.3}$$

が水圧の最大値である。

問 題 58

H25 国家一般職

図のような円筒容器 A，B，C を水平面上に置き，水を満たした。このとき，水により底面全体に作用する力の大きさを F_A[N]，F_B[N]，F_C[N] とすると，これらの大小関係を示せ。

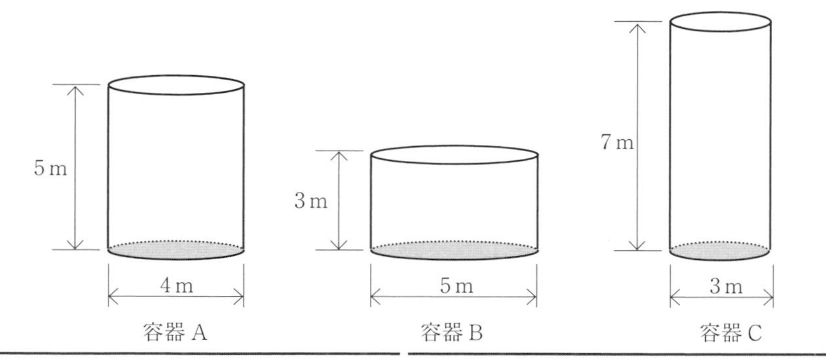

容器の体積は以下の式により求まる。

$$V = \frac{\pi D(\text{直径})^2}{4} h(\text{高さ}) \tag{58.1}$$

水により底面全体に作用する力の大きさ F は，容器の容積に密度 ρ_w と重力加速度 g を乗じて

$$F = \rho_w g V \tag{58.2}$$

により求められる。式 (58.2) より F_A[N]，F_B[N]，F_C[N] を求める。

$$F_A = \rho_w g \frac{\pi D_A^2}{4} h_A = \rho_w g \frac{\pi 4^2}{4} \times 5 = \rho_w g 20\pi \tag{58.3}$$

$$F_B = \rho_w g \frac{\pi D_B^2}{4} h_B = \rho_w g \frac{\pi 5^2}{4} \times 3 = \rho_w g 18.75\pi \tag{58.4}$$

$$F_C = \rho_w g \frac{\pi D_C^2}{4} h_C = \rho_w g \frac{\pi 3^2}{4} \times 7 = \rho_w g 15.75\pi \tag{58.5}$$

以上の結果から

$$F_A > F_B > F_C \quad (\text{答}) \tag{58.6}$$

である。

2.11 マノメータ

問題59

H28 国家一般職

二つの丸い密閉容器と管を接続し，内部を水と水銀で満たしたところ，図のような状態となった。点AとBの圧力差の大きさはおよそいくらか。

ただし，重力加速度の大きさを $10.0\,\mathrm{m/s^2}$，水の密度を $1.00\times10^3\,\mathrm{kg/m^3}$，水銀の密度を $1.35\times10^4\,\mathrm{kg/m^3}$ とする。

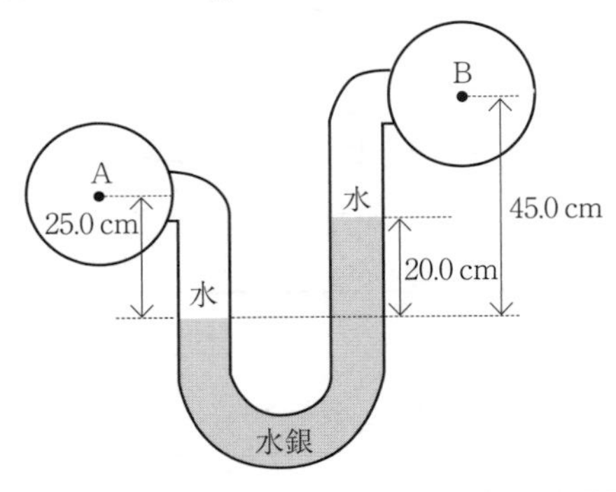

基準面 X-X'，点Aと基準面 X-X' との高さ h_A，点Bと基準面 X-X' との高さ h_B，右水銀面と基準面 X-X' との高さ h_{Hg} を定義し，本問題図に記入する。

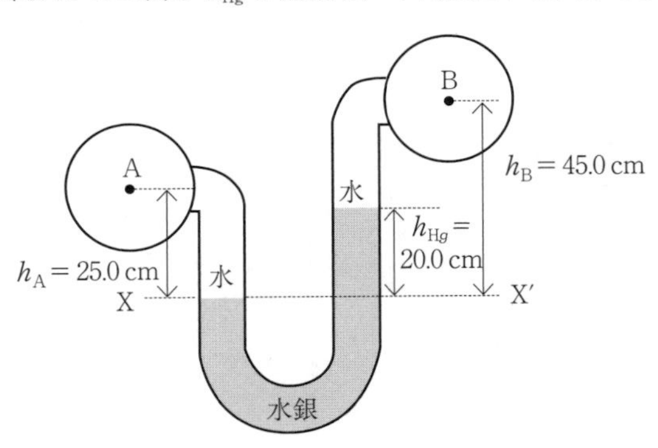

X-X' を基準面としてエネルギー保存則が成り立つので

$$P_A + \rho_w g h_A = P_B + \rho_{Hg} g h_{Hg} + \rho_w g (h_B - h_{Hg}) \tag{59.1}$$

と表される。式 (59.1) を $P_A - P_B$ について導出する。

$$P_A - P_B = \rho_{Hg} g h_{Hg} + \rho_w g (h_B - h_{Hg} - h_A) \tag{59.2}$$

問題で示されている数値を式 (59.2) に代入する。

$$\begin{aligned} P_A - P_B &= 1.35 \times 10^4 [\mathrm{kg/m^3}] \times 10 [\mathrm{m/s^2}] \times 0.2 [\mathrm{m}] + 0 \\ &= 27 \times 1\,000 [\mathrm{kgm/s^2}] = \underline{\underline{27 [\mathrm{kN}]}} \text{ (答)} \end{aligned} \tag{59.3}$$

物・練習問題 9 R1 国家一般職

図のように，天井に固定したばねばかりに体積 $1.0 \times 10^{-4}\,\mathrm{m^3}$，$3.0 \times 10^3\,\mathrm{kg/m^3}$ の球を糸でつるし，その球を水の入った容器に沈めて，その容器を台ばかりの上に載せた。水の質量が 1.0 kg，容器の質量が 0.5 kg であるとき，台ばかりが容器から受ける力の大きさは，ばねばかりが糸から受ける力の大きさのおよそ何倍か。

ただし，水の密度を $1.0 \times 10^3\,\mathrm{kg/m^3}$ とする。

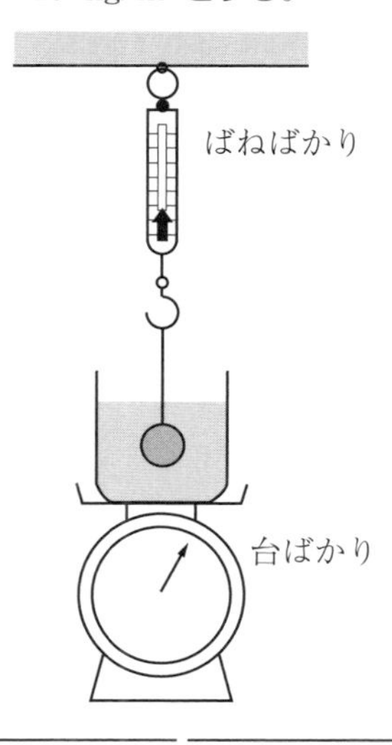

2.12　熱

問題60

H30 国家一般職

図のような滑らかに動く軽いピストンとシリンダからなる断熱容器に，圧力 1.00×10^5 Pa，温度 300 K，体積 9.00×10^{-3} m^3 の単原子分子理想気体が封入されている。この気体に 7.50×10^2 J の熱量を，圧力を一定に保ちながら加えたところ，気体の温度は 400 K となった。このときの気体の内部エネルギーの増加量はいくらか。

ただし，断熱容器の熱容量は無視できるものとする。

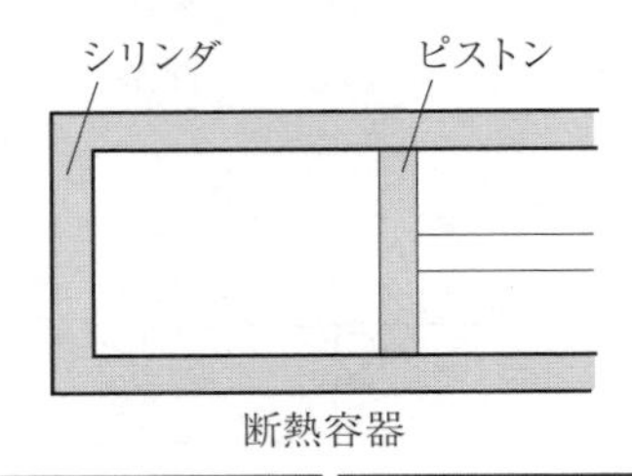

本問題の情報を問題図に記入し以下に示す。

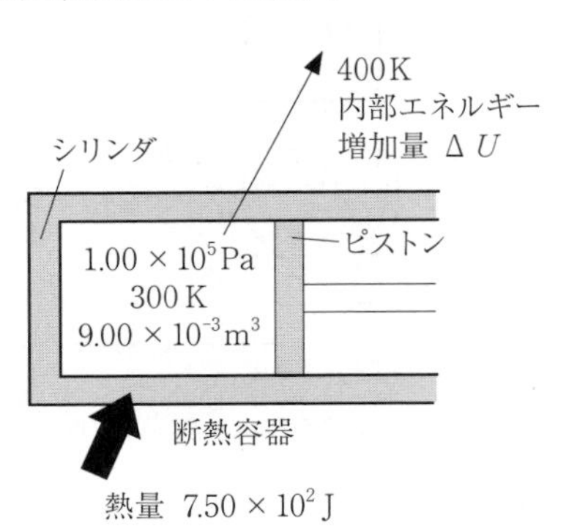

公式

ボイル・シャルルの法　$PV = GRT$

を基にして公式

等圧変化　$\frac{T_1}{V_1} = \frac{T_2}{V_2}$

が得られる。本問題は等圧変化の公式を用いて

$$V_2 = \frac{T_2}{T_1} V_1 \tag{60.1}$$

を得る。V_1 は熱量を加える以前のシリンダ内体積，V_2 は熱量を加えた後のシリンダ内体積である。本問題の数値を式 (60.1) に代入する。

$$V_2 = \frac{400[\mathrm{K}]}{300[\mathrm{K}]} \times 9.00 \times 10^{-3}[\mathrm{m}^3] = 12 \times 10^{-3}[\mathrm{m}^3] \tag{60.2}$$

次に公式

熱力学第一法則　Q(熱量) = U(内部エネルギー) + W(仕事)

は $W = P\Delta V$ より

$$\Delta Q(\text{熱量変化}) = \Delta U(\text{内部エネルギー変化}) + P\Delta V(\text{容積変化}) \tag{60.3}$$

と表される。式 (60.3) を内部エネルギー変化について導出する。

$$\Delta U(\text{内部エネルギー変化}) = \Delta Q(\text{熱量変化}) - P\Delta V(\text{容積変化}) \tag{60.4}$$

容積変化 ΔV は

$$\Delta V = V_2 - V_1 = 12 \times 10^{-3}[\mathrm{m}^3] - 9 \times 10^{-3}[\mathrm{m}^3] = 3 \times 10^{-3}[\mathrm{m}^3]$$

を導出し，式 (60.4) に代入する。また，本問題の情報である圧力 1.00×10^5[Pa]，流入熱量 $\Delta Q = 7.50 \times 10^2$[J] も代入する。

$$\Delta U(\text{内部エネルギー増加量})$$
$$= 7.50 \times 10^2[\mathrm{J}] - 1.00 \times 10^5[\mathrm{N/m}^2] \times 3 \times 10^{-3}[\mathrm{m}^3] = \underline{4.5 \times 10^2[\mathrm{J}]} \text{ (答)} \tag{60.5}$$

なお，1[J] = 1[Nm] である。

問題61

H29 国家一般職

図のように，断熱容器Ⅰ，Ⅱがコックが付いた細管で連結されている。Ⅱの容積はⅠの容積の2倍である。コックを開いて，これらの容器に，ある理想気体を封入したところ，温度が300 K，圧力が1.00×10^5 Paとなった。コックを閉じて，容器Ⅱの気体のみを加熱し，温度を480 Kにした後，加熱を止め，コックを開いた。平衡状態となったときの容器内の圧力はおよそいくらか。

ただし，容器の熱膨張，容器をつなぐ細管の容積は無視できるものとし，細管およびコックと封入した気体とのやりとりはないものとする。

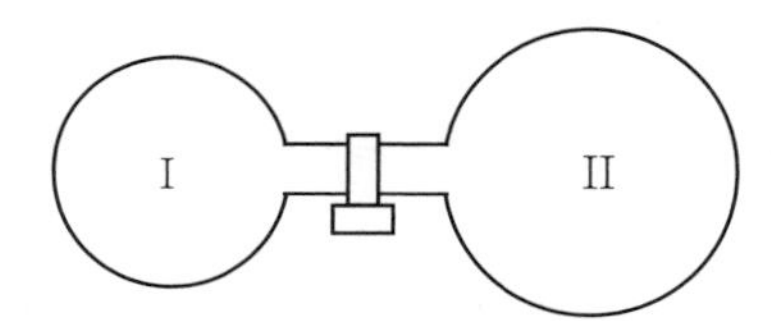

本問題の情報を問題図に記入し以下に示す。

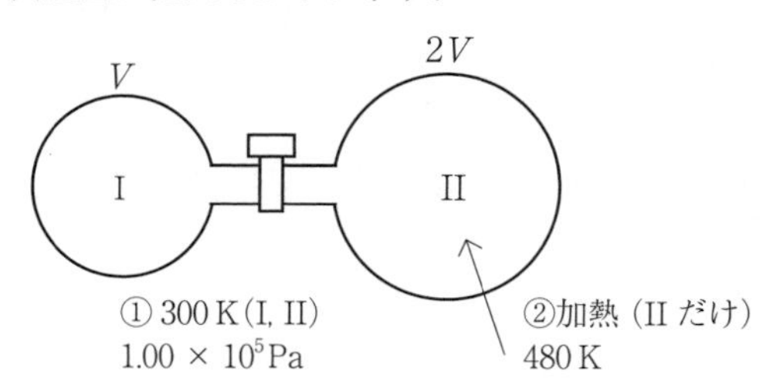

公式

ボイル・シャルルの法　$PV = GRT$

を基にして公式

等容変化　$\dfrac{P_1}{T_1} = \dfrac{P_2}{T_2}$

が得られる。本問題の容器Ⅱの加熱は等容変化である。等容変化の公式を用いて

$$P_{\mathrm{II}} = \frac{T_{\mathrm{II}}}{T_{\mathrm{I}}} P_{\mathrm{I}} \tag{61.1}$$

を導出する。式 (61.1) に本問題の情報を代入する。

$$P_{\mathrm{II}} = \frac{480[\mathrm{K}]}{300[\mathrm{K}]} \times 1.00 \times 10^5[\mathrm{Pa}] = 1.60 \times 10^5[\mathrm{Pa}] \tag{61.2}$$

ここで，加熱後にコックを開ける前後の変化を式で表す。

$$P_{\mathrm{I}} V_{\mathrm{I}} + P_{\mathrm{II}} V_{\mathrm{II}} = P(V_{\mathrm{I}} + V_{\mathrm{II}}) \tag{61.3}$$

式 (61.3) は左辺がコックを開ける前の状態，右辺がコックを開けて平衡状態に至った状態である。式 (61.3) について平衡状態となった圧力 P を導出し，本問題の数値を代入する。

$$P = \frac{P_{\mathrm{I}} V_{\mathrm{I}} + P_{\mathrm{II}} V_{\mathrm{II}}}{V_{\mathrm{I}} + V_{\mathrm{II}}} = \frac{1.00 \times 10^5[\mathrm{Pa}] \times V + 1.60 \times 10^5[\mathrm{Pa}] \times 2V}{V + 2V}$$

$$= \frac{4.20 \times 10^5[\mathrm{Pa}] \times V}{3V} = \underline{\underline{1.40 \times 10^5[\mathrm{Pa}]}} \text{（答）} \tag{61.4}$$

問題62

H26 国家一般職

図のように，一定量の理想気体を変化させるとき，$\Delta Q = Q_1 - Q_3$ および Q_2 を求めよ。

ただし，図の斜線部の面積を S とする。また，定積加熱過程（状態A→B）において気体が受け取る熱量を Q_1，等温膨張過程（状態B→C）において気体が受け取る熱量を Q_2，定圧放熱過程（状態C→A）において気体が放出する熱量を Q_3 とする。

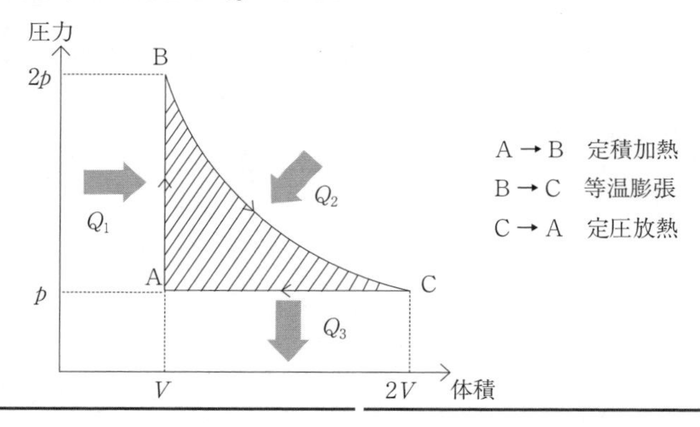

解答

本問題の状況を下図のように詳しく記述する。

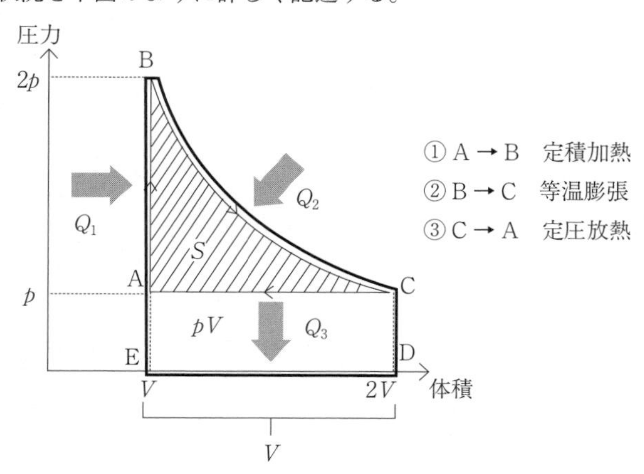

公式

熱力学第一法則　Q(熱量) = U(内部エネルギー) + W(仕事)

は $W = P\Delta V$ より

$$\Delta Q(\text{熱量変化}) = \Delta U(\text{内部エネルギー変化}) + P\Delta V(\text{容積変化}) \quad (62.1)$$

を用いて，まず A → B の①定積加熱過程では $P\Delta V = 0$ なので

$$Q_1 = \Delta U \quad ① \quad (62.2)$$

Q_1 は内部エネルギー変化（温度上昇）に等しい。

次に，C → A の③定圧放熱過程では CA 線より下の面積（A・C・D・E の長方形 pV）が仕事 W_{CA} である。

$$Q_3 = \Delta U + W_{CA} = \Delta U + pV \quad ③ \quad (62.3)$$

よって，式 (62.2) および式 (62.3) を用いて，$\Delta Q = Q_1 - Q_3$ は

$$\Delta Q = Q_1 - Q_3 = \Delta U - (\Delta U + pV) = \underline{-pV} \quad (62.4)$$

（答）

を得る。最後に B → C の②等温膨張過程では，図の熱収支より

$$Q_1 + Q_2 = S + Q_3 \quad (62.5)$$

の関係が読み取れる。式 (62.5) について Q_2 を導出する。

$$Q_2 = S - (Q_1 - Q_3) \quad (62.6)$$

式 (62.6) に式 (62.4) を代入する。

$$Q_2 = \underline{S - pV} \quad (62.7)$$

（答）

問題63

H25 国家一般職

一定量の理想気体を，図のように，A→B，B→C，C→Aと変化させた。この三つの変化㋐，㋑，㋒のうちから，この理想気体の温度が上昇するものを選び出しなさい。

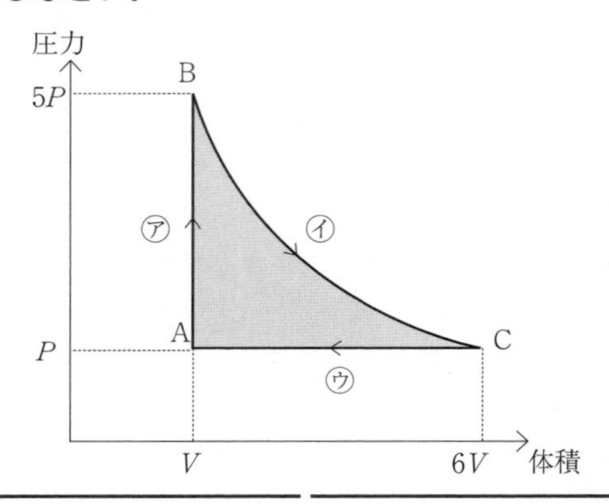

解答

Aの温度を T_A，Bの温度を T_B，Cの温度を T_C とする。公式

ボイル・シャルルの法　$PV = GRT$

を基にして㋐ A→B は等容変化であるため，公式

等容変化　$\dfrac{P_1}{T_1} = \dfrac{P_2}{T_2}$

を用いる。㋐ A→B の変化では

$$T_B = T_A \times \frac{P_B}{P_A} = T_A \times \frac{5P}{P} = 5T_A \tag{63.1}$$

のように，T_B は T_A よりも温度上昇する。

次に㋑ B→C ではボイル・シャルルの公式より

$$GR(一定) = \frac{P_B\,V_B}{T_B} = \frac{P_C\,V_C}{T_C} \tag{63.2}$$

が成り立ち，T_C について導出すると

$$T_C = \frac{P_C\,V_C}{P_B\,V_B}\,T_B = \frac{P \times 6V}{5P \times V}\,T_B = \frac{6}{5}\,T_B \tag{63.3}$$

を得る。よって，T_C は T_B よりも温度上昇する。

最後に，㋒ C → A は等圧変化であるため，公式

等圧変化　$\dfrac{T_1}{V_1} = \dfrac{T_2}{V_2}$

を用いて，T_{A} について導出すると

$$T_{\mathrm{A}} = \frac{V_{\mathrm{A}}}{V_{\mathrm{C}}}T_{\mathrm{C}} = \frac{V}{6V}T_{\mathrm{C}} = \frac{1}{6}T_{\mathrm{C}} \tag{63.4}$$

を得る。よって，T_{A} は T_{C} よりも温度が下がる。以上の検討から，温度上昇する変化は㋐と㋑である。（答）

物・練習問題 10　R2 国家一般職

水の状態変化に関する次の記述の㋐，㋑を求めよ。

「図は，－20℃の氷 200 g に，毎秒［　㋐　］の熱量を加えたときの加熱時間と温度の関係を示している。このとき，熱を加え始めてから，－20.0℃の氷が全て融解して 0℃の水になるまでの時間 t_{A} は［　㋑　］である。」

ただし，熱を加え始めてから t_A 時間後までに加えた熱量は全て氷の加熱に使用されるものとし，氷の比熱を 2.10 J/(g·K)，氷の融解熱を 330 J/g とする。

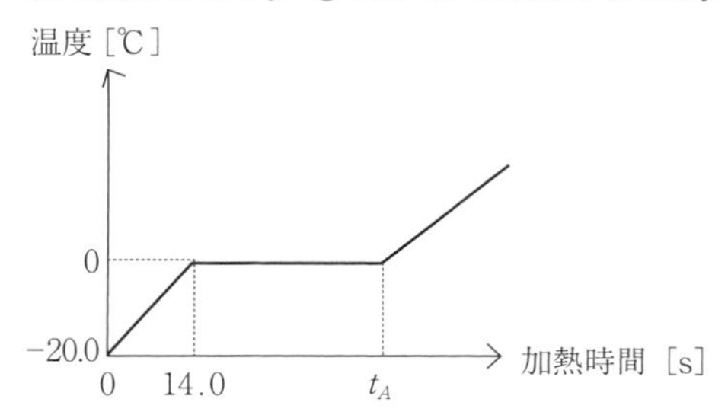

問題64

H24 国家一般職

温度 T[K] の理想気体 n[mol] を最初の体積の2倍になるまでゆっくりと等温膨張させたとき，気体がした仕事はいくらか。

ただし，気体定数を R[J/(mol·K)] とする。

気体がする微小仕事 ΔW は

$$\Delta W = P\Delta V(\text{容積変化}) \tag{64.1}$$

である。気体がした仕事 W は，最初の体積 V_1 から等温膨張後の体積 V_2 まで積分する。

$$W=\int_{V_1}^{V_2} P\,dV \tag{64.2}$$

式 (64.2) 中の圧力 P は公式

ボイル・シャルルの法　$PV = GRT$　※ $G = n$

を用いて

$$P = \frac{nRT}{V} \tag{64.3}$$

を得る。式 (64.3) の P を式 (64.2) に代入し，積分する。

$$W = \int_{V_1}^{V_2} \frac{nRT}{V}dV = nRT\int_{V_1}^{V_2}\frac{1}{V}dV = nRT[\log V]_{V_1}^{V_2}$$

$$=nRT(\log V_2 - \log V_1) = nRT\log\frac{V_2}{V_1} = \underline{\underline{nRT\log 2}}\ (\text{答}) \tag{64.4}$$

2.13 電 気

問題65

H30 国家一般職

図のような回路において，点 A の電位はおよそいくらか。

なお，接地点の電位は 0 V である。

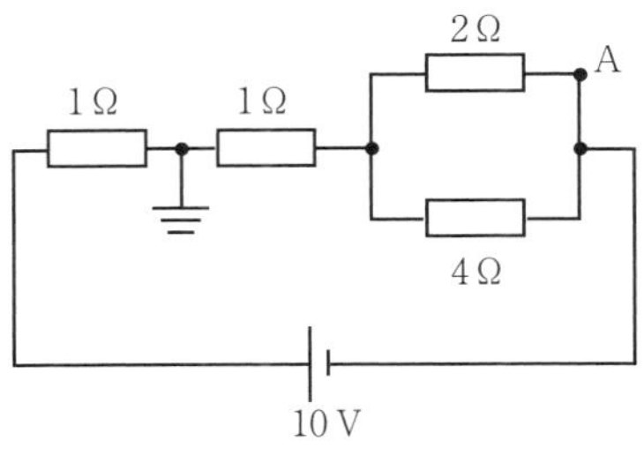

まず，並列回路の合成抵抗を求める。公式

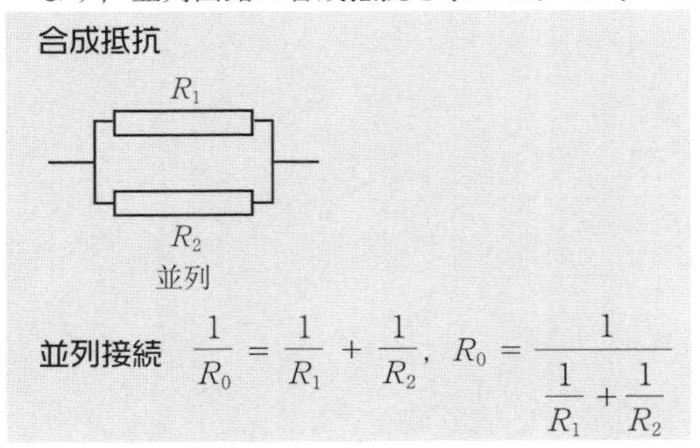

を用いて，本問題の並列回路の合成抵抗は

$$R_0 = \frac{1}{\frac{1}{R_1} + \frac{1}{R_2}} = \frac{R_1 R_2}{R_1 + R_2} = \frac{2[\Omega] \times 4[\Omega]}{2[\Omega] + 4[\Omega]} = \frac{4}{3}[\Omega] \tag{65.1}$$

となる。電圧降下は直列回路における抵抗値に比例する。抵抗値と電圧降下の関係を次図に示す。

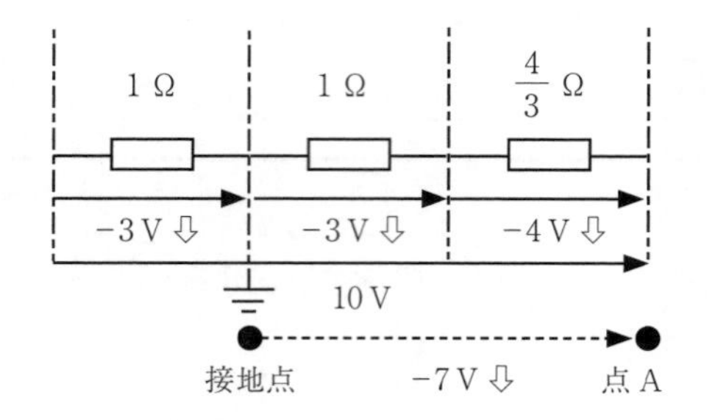

本問題は接地点から点 A までの電圧降下なので

$$10[\mathrm{V}]\times\frac{\left(1[\Omega]+\dfrac{4}{3}[\Omega]\right)(\text{接地点から点Aまでの抵抗})}{\dfrac{10}{3}[\Omega](\text{全抵抗})}$$

$$=10[\mathrm{V}]\times\frac{7}{10}=\underline{7[\mathrm{V}]}\ (答) \tag{65.2}$$

を得る。

問 題 66

H29 国家一般職

内部抵抗の無視できない電池に，5.0 Ωの抵抗を接続したところ電流が450 mA 流れ，9.0 Ωの抵抗を接続したところ電流が 300 mA 流れた。この電池の起電力はいくらか。

本問題の二つの回路を（A）（B）として下図に表す。

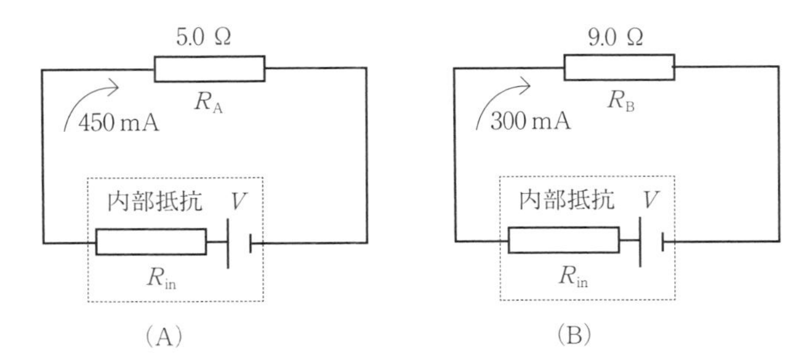

公式

オームの法則　V(電圧)[V] = R(抵抗)[Ω] × I(電流)[A]

より，本問題二つの電気回路は

$$I_A = \frac{V}{R_A + R_{in}} = \frac{V}{5.0[\Omega] + R_{in}} = 0.45[\mathrm{A}] \tag{66.1}$$

$$I_B = \frac{V}{R_B + R_{in}} = \frac{V}{9.0[\Omega] + R_{in}} = 0.3[\mathrm{A}] \tag{66.2}$$

のように計算できる。式（66.1）および式（66.2）の連立方程式から電圧 V と内部抵抗 R_{in} を導出する。

$$0.45(5 + R_{in}) = 0.3(9 + R_{in}) \tag{66.3}$$

$$R_{in} = 3.0[\Omega] \tag{66.4}$$

式（66.4）の R_{in} を式（66.1）に代入する（式（66.2）でもよい）。

$$V = (R_A + R_{in})I_A = (5.0[\Omega] + 3.0[\Omega]) \times 0.45[\mathrm{A}] = \underline{3.6[\mathrm{V}]} \tag{66.5}$$

答

問題67

H29 国家一般職

真空中に一様な電界があり，図のように，点Pに -2.0×10^{-6}C の点電荷を置いたところ，この点電荷には①の向きに 4.0×10^{-2}N のクーロン力が働いた。点Pにおける電界の向きと大きさを求めよ。

P
② ← (−) → ①
-2.0×10^{-6}C

解答

本問題の情報によると，－の点電荷が①の右方向へ移動するには，右側に＋の電界が，左側に－の電界が存在する。電界の向きとは＋の電界から－の電界への向きなので，本問題の電界の向きは左向きの②である。（答）

次に，公式

電界　$E(q_1\text{ が作る電界})=\dfrac{1}{4\pi\varepsilon_0}\dfrac{q_1}{r^2}$ [V/m]

クーロンの法則　$F=\dfrac{1}{4\pi\varepsilon_0}\dfrac{q_1q_2}{r^2}=k\dfrac{q_1q_2}{r^2}=q_2E$[N]

より

$$|E|=\left|\frac{F}{q_2}\right|=\left|\frac{4.0\times10^{-2}[\mathrm{N}]}{-2.0\times10^{-6}[\mathrm{C}]}\right|=2.0\times10^{4}[\mathrm{V/m}] \quad (67.1)$$

（答）

を得る。

問 題 68

H29 国家一般職

電気容量 2 μF，耐電圧が 600 V のコンデンサ C_1 と，電気容量 3 μF，耐電圧 500 V のコンデンサ C_2 がある。共に電荷が蓄えられていない状態のコンデンサ C_1 とコンデンサ C_2 を直列につないだとき，全体にかけられる電圧の最大値はおよそいくらか。

なお，コンデンサにかかる電圧はコンデンサの耐電圧を超えてはならないものとする。

本問題のコンデンサ C_1 とコンデンサ C_2 について直列につないだ状況を下図に示す。

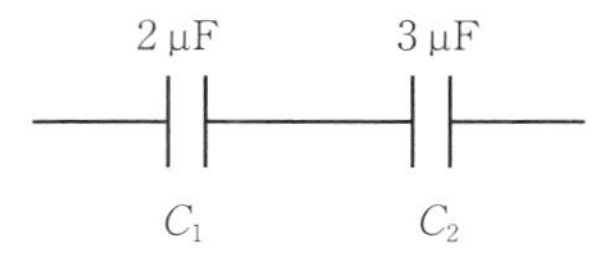

コンデンサ C_1 が耐電圧 600[V] まで蓄える電気量 Q_1 およびコンデンサ C_2 が耐電圧 500[V] まで蓄える電気量 Q_2 は公式

電荷 Q(電気容量)[C] = C(電荷)[F] × V(電圧)[V]

より

$$Q_1 = C_1 V_1 = 2 \times 10^{-6}\,[\mathrm{F}]\cdot 600\,[\mathrm{V}] = 1\,200\,[\mu\mathrm{C}] \tag{68.1}$$

$$Q_2 = C_2 V_2 = 3 \times 10^{-6}\,[\mathrm{F}]\cdot 500\,[\mathrm{V}] = 1\,500\,[\mu\mathrm{C}] \tag{68.2}$$

となる。よって本問題の回路では，小さい値の 1 200[μC] まで電気量を蓄えることができる。

公式

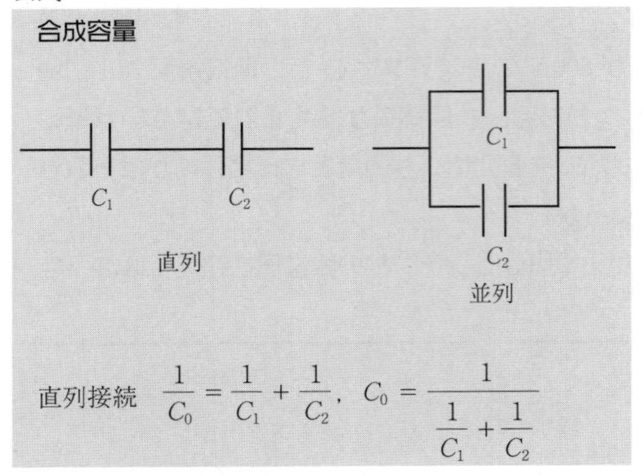

より，本問題の合成容量は

$$C_0=\frac{1}{\frac{1}{2}+\frac{1}{3}}=\frac{1}{\frac{5}{6}}=\frac{6}{5}\,[\mu\mathrm{F}] \tag{68.3}$$

である。合成容量の式 (68.1) を公式

電荷　Q(電気容量)[C] = C(電荷)[F] × V(電圧)[V]

に代入する。

$$V=\frac{Q}{C}=\frac{1\,200\,[\mu\mathrm{C}]}{\frac{6}{5}\,[\mu\mathrm{F}]}=\underline{\underline{1\,000\,[\mathrm{V}]}} \tag{68.4}$$ 答

問題69

R1 国家一般職

図のような回路において，4 Ωの抵抗で消費される電力はおよそいくらか。

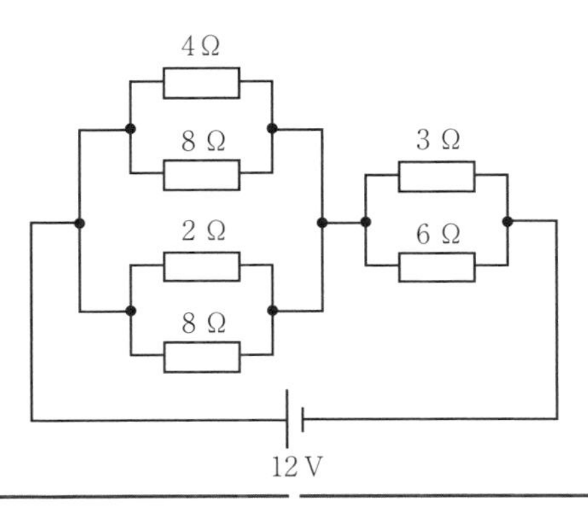

解答

本問題で求めたい電力は，公式

電気　電力　$W[\mathrm{W}] = W[\mathrm{J \cdot s^{-1}}] = W[\mathrm{kg \cdot m^2 \cdot s^{-3}}] = VI$

を用いて，4 Ωの抵抗における電圧と電流値を算出する。下図は合成抵抗のまとまりを示す。

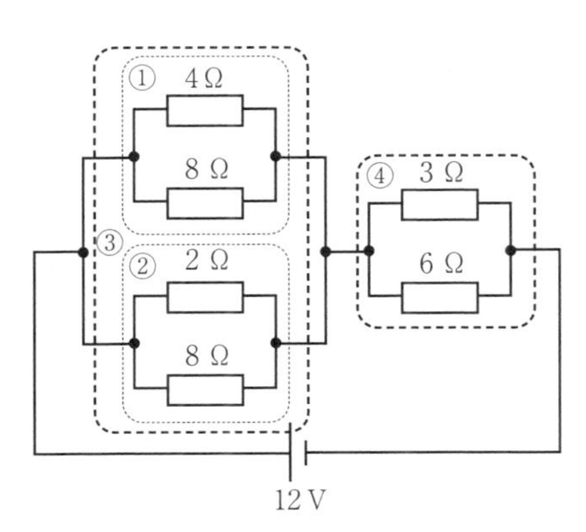

電圧降下は直列回路における抵抗値に比例することから，図の①および②の合成抵抗をおのおの算出し，それらの合成抵抗③を算出する。④の合成抵抗を算出し，

先ほどの③と④の合成抵抗値を比較すれば本問題の 4 Ωの抵抗における電圧値が求まる。なお，本問題図の左に並ぶ 4 Ω，8 Ω，2 Ω，8 Ω抵抗の電圧は，並列であるため同一の電圧である。公式

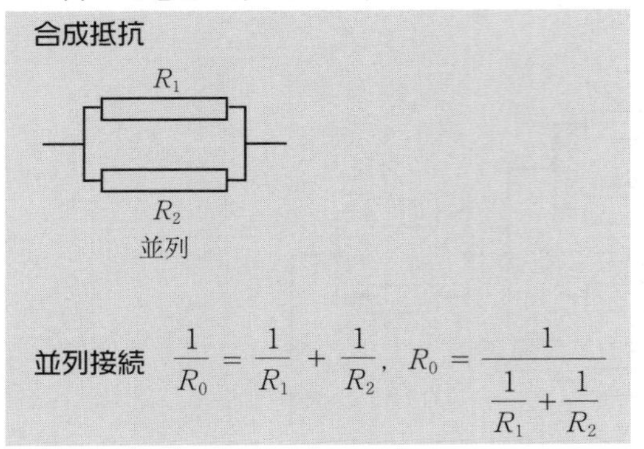

を用いて，本問題の並列回路の合成抵抗 $R_{①}$，$R_{②}$は

$$R_{①} = \frac{1}{\frac{1}{R_1} + \frac{1}{R_2}} = \frac{R_1 R_2}{R_1 + R_2} = \frac{4 \times 8}{4 + 8} = \frac{32}{12} = \frac{8}{3}\,[\Omega] \tag{69.1}$$

$$R_{②} = \frac{2 \times 8}{2 + 8} = \frac{16}{10} = \frac{8}{5}\,[\Omega] \tag{69.2}$$

を得る。次に $R_{③}$は式 (69.1) の $R_{①}$と式 (69.2) の $R_{②}$を用いて

$$R_{③} = \frac{\frac{8}{3} \times \frac{8}{5}}{\frac{8}{3} + \frac{8}{5}} = \frac{\frac{64}{15}}{\frac{64}{15}} = 1\,[\Omega] \tag{69.3}$$

を得る。一方，$R_{④}$は

$$R_{④} = \frac{3 \times 6}{3 + 6} = \frac{18}{9} = 2\,[\Omega] \tag{69.4}$$

を得る。式 (69.3) の $R_{③}$と式 (69.4) の $R_{④}$を比較すると，$R_{③} : R_{④} = 1 : 2$ なので，$R_{③}$における電圧（すなわち，4 Ωにおける電圧）は

$$V_{4\,\Omega} = V_{③} = 12[\mathrm{V}] \times \frac{R_{③}}{R_{③} + R_{④}} = 12[\mathrm{V}] \times \frac{1}{1 + 2} = 4[\mathrm{V}] \tag{69.5}$$

となる。次に公式

電気　電圧　$V[\mathrm{V}] = R(\text{抵抗})[\Omega] \cdot I(\text{電流})[\mathrm{A}]$

を用いて電流を求める。

$$I_{4\Omega} = \frac{V_{4\Omega}}{4[\Omega]} = \frac{4[\mathrm{V}]}{4[\Omega]} = 1[\mathrm{A}] \tag{69.6}$$

公式

電気　電力　$W[\mathrm{W}] = VI$

を用いて，式 (69.5) および式 (69.6) より

$$W_{4\,\Omega} = V_{4\Omega}\, I_{4\Omega} = 4[\mathrm{V}] \times 1[\mathrm{A}] = \underline{\underline{4[\mathrm{W}]}}\ \text{答} \tag{69.7}$$

を導出する。

物・練習問題 11　R3 国家一般職

電気容量 C の平行平板コンデンサを，電圧 V の直流電源，抵抗およびスイッチと接続した。スイッチを閉じて十分に時間が経過してからスイッチを開き，その後コンデンサの極板間隔を 2 倍にしたとき，コンデンサの極板間の電位差を求めよ。

ただし，コンデンサの端の部分の影響は無視できるものとする。

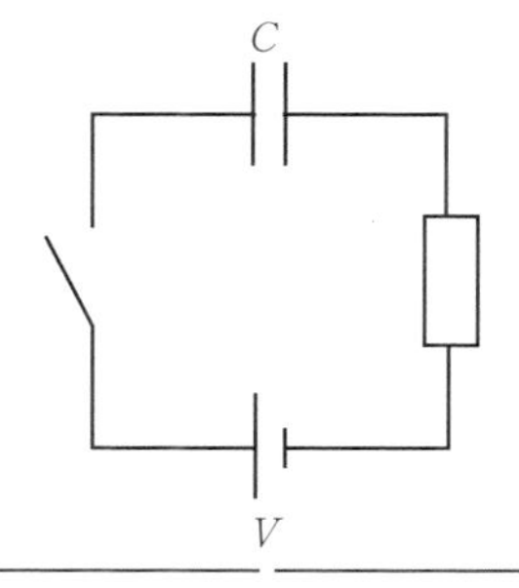

問題70

H28 国家一般職

図のような回路において，4 Ωの抵抗で消費される電力を P_1 とし，回路全体で消費される電力を P_2 とすると，$\dfrac{P_1}{P_2}$ はおよそいくらか。

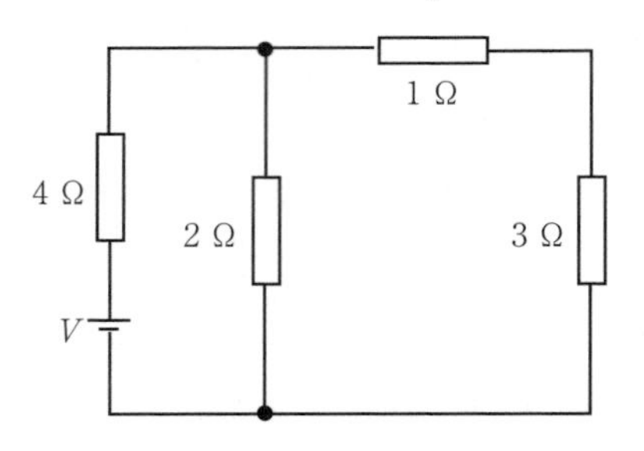

本問題で求めたい電力 P_1 および P_2 は，公式

電気　電力　$W[\mathrm{W}] = W[\mathrm{J \cdot s^{-1}}] = W[\mathrm{kg \cdot m^2 \cdot s^{-3}}] = VI$

を用いて，全体の合成抵抗における電圧と電流値，4 Ωの抵抗における電圧と電流値をおのおの算出する。下図は合成抵抗のまとまりを示す。

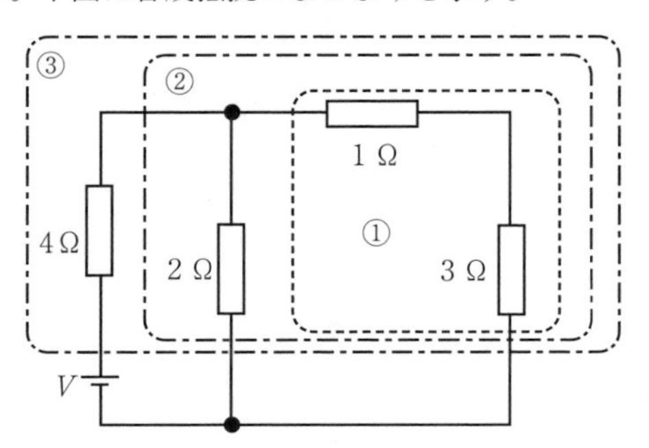

図の①の合成抵抗 $R_{①}$ を算出し，次に $R_{①}$ と 2 Ωとの合成抵抗②を算出する。4 Ωと合成抵抗②を比較すれば本問題の 4 Ωの抵抗における電圧値が求まる。公式

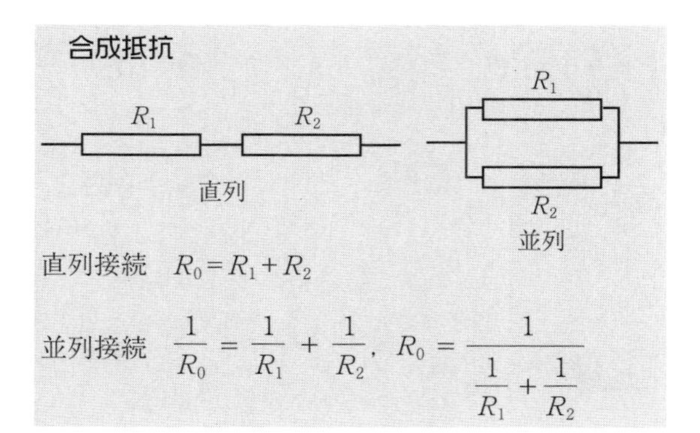

を用いて，本問題の直列回路の合成抵抗 $R_{\text{①}}$ は

$$R_{\text{①}} = R_1 + R_2 = 1 + 3 = 4[\Omega] \tag{70.1}$$

を得る。次に，式 (70.1) の $R_{\text{①}}$ および抵抗 2 Ω について並列回路の合成抵抗は

$$R_{\text{②}} = \frac{2 \times 4}{2 + 4} = \frac{8}{6} = \frac{4}{3}\,[\Omega] \tag{70.2}$$

となる。電圧降下は直列回路における抵抗値に比例することから，本問題の回路の抵抗 4 Ω と式 (70.2) の $R_{\text{②}}$ を比較すると，$4 : \frac{4}{3} = 3 : 1$ なので，抵抗 4 Ω における電圧は

$$V_{4\Omega} = V \times \frac{3}{3 + 1} = \frac{3}{4}V \tag{70.3}$$

となる。次に，回路全体の合成抵抗 $R_{\text{③}}$ を求める。$R_{\text{③}}$ は $R_{\text{②}}$ と 4 Ω との直列の合成抵抗③を算出する。

$$R_{\text{③}} = 4[\Omega] + R_{\text{②}} = 4 + \frac{4}{3} = \frac{16}{3}\,[\Omega] \tag{70.4}$$

公式

電気　電圧　$V[\mathrm{V}] = R(\text{抵抗})[\Omega] \cdot I(\text{電流})[\mathrm{A}]$

を用いて電流 $I_{\text{③}}$ を求める。

$$I_{\text{③}} = I_{4\Omega} = \frac{V}{R_{\text{③}}} = \frac{V}{\frac{16}{3}} = \frac{3}{16}V[\mathrm{A}] \tag{70.5}$$

公式

電気　電力　$W[\mathrm{W}] = VI$

を用いて，式 (70.3) および式 (70.5) より

$$P_1 = V_{4\Omega} I_{4\Omega} = \frac{3}{4} V \times \frac{3}{16} V = \frac{9}{64} V^2 \ [\mathrm{W}] \tag{70.6}$$

を導出する。一方，全体の電力 P_2 は

$$P_2 = VI_{4\Omega} = V \times \frac{3}{16} V = \frac{3}{16} V^2 [\mathrm{W}] \tag{70.7}$$

となる。式 (70.6) および式 (70.7) より

$$\frac{P_1}{P_2} = \frac{\frac{9}{64} V^2}{\frac{3}{16} V^2} = \frac{9}{64} \times \frac{16}{3} = \frac{3}{4} \tag{70.8}$$

（答）

を得る。

物・練習問題 12　　R3 国家一般職

図のように，三つのコンデンサを直流電源に接続した。十分に時間が経過した後，コンデンサ C_1 の両端の電位差が 10 V であったとき，コンデンサ C_1 に蓄えられている電気量を求めよ。

ただし，いずれのコンデンサにも初め電荷が蓄えられていなかったものとする。

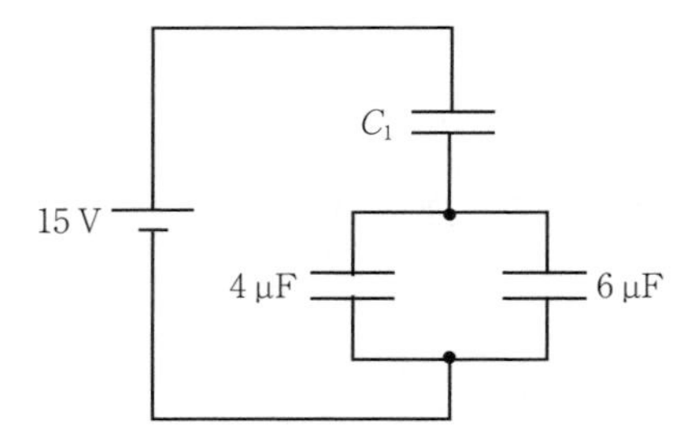

問題 71

H27 国家一般職

図のような回路において，抵抗値が 10 Ωの抵抗で消費される電力はいくらか。

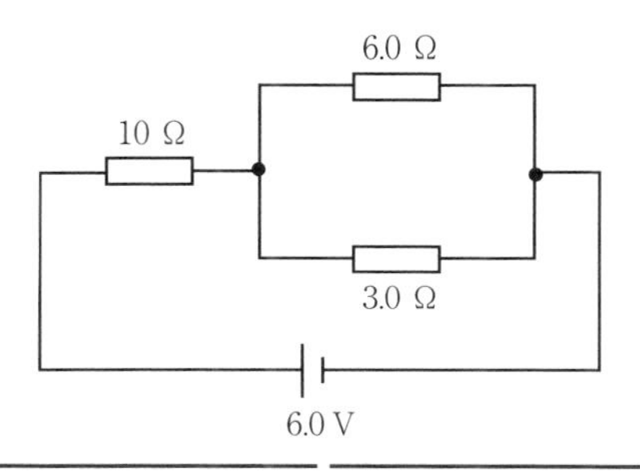

本問題で求めたい電力は，公式

電気　電力　$W[\mathrm{W}] = W[\mathrm{J \cdot s^{-1}}] = W[\mathrm{kg \cdot m^2 \cdot s^{-3}}] = VI = V\dfrac{v^2}{r} = RI^2$

を用いて，10 Ωの抵抗における電流値を算出する。下図は合成抵抗のまとまりを示す。

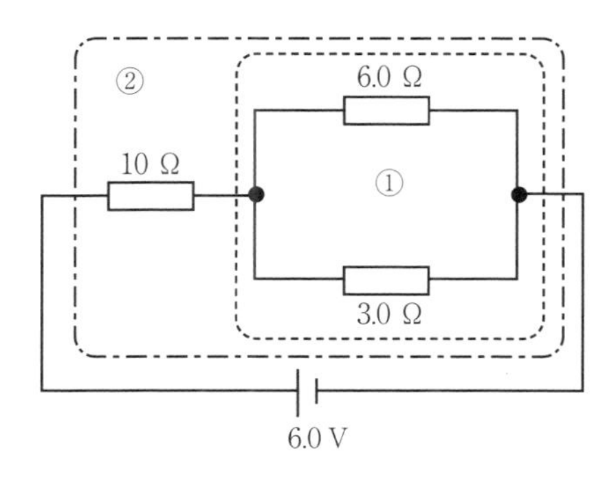

電圧降下は直列回路における抵抗値に比例することから，図の①の合成抵抗を算出する。回路の 10 Ωと①の合成抵抗値を比較すれば本問題の抵抗 10 Ωにおける電圧値が求まる。公式

合成抵抗

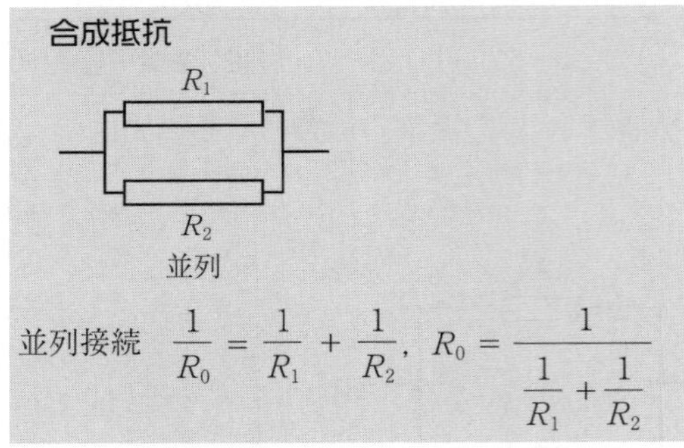

並列接続　$\dfrac{1}{R_0} = \dfrac{1}{R_1} + \dfrac{1}{R_2}$，$R_0 = \dfrac{1}{\dfrac{1}{R_1} + \dfrac{1}{R_2}}$

を用いて，本問題の並列回路の合成抵抗 $R_{①}$は

$$R_{①} = \frac{1}{\frac{1}{R_1} + \frac{1}{R_2}} = \frac{R_1 R_2}{R_1 + R_2} = \frac{6 \times 3}{6 + 3} = \frac{18}{9} = 2[\Omega] \tag{71.1}$$

を得る。回路の 10 Ωと式 (71.1) の $R_{①}$を比較すると，10：2 = 5：1 なので，10 Ωにおける電圧は

$$V_{10\,\Omega} = 6[\mathrm{V}] \times \frac{5}{5 + 1} = 5[\mathrm{V}] \tag{71.2}$$

となる。次に全体の合成抵抗 $R_{②}$は直列なので

$$R_{②} = 10 + 2 = 12[\Omega] \tag{71.3}$$

である。公式

電気　電圧　$V[\mathrm{V}] = R(\text{抵抗})[\Omega] \cdot I(\text{電流})[\mathrm{A}]$

を用いて電流 $I_{10\,\Omega}$を求める。

$$I_{10\,\Omega} = \frac{V_{\text{全体}}}{R_{②}} = \frac{6[\mathrm{V}]}{12[\Omega]} = 0.5[\mathrm{A}] \tag{71.4}$$

公式

電気　電力　$W[\mathrm{W}] = W[\mathrm{J \cdot s^{-1}}] = RI^2$

を用いて，10 Ωの抵抗で消費される電力を求める。式 (71.4) より

$$W_{10\,\Omega} = R_{10\,\Omega} I_{10\,\Omega}{}^2 = 10[\Omega] \times 0.5^2\,[\mathrm{A}] = \underline{2.5[\mathrm{W}]}\ \text{(答)} \tag{71.5}$$

を導出する。

問題72

H27 国家一般職

図のように，磁束密度の大きさ B の一様な磁界中に，質量 m，電気量 q の荷電粒子を点 X から速さ v で入射させたところ，半円形の軌跡を描いて点 Y に達した。この荷電粒子が有する電気量の正負および XY 間の距離 d を求めよ。

ただし，磁界の向きは紙面の裏側から表側の向きで，かつ，紙面に対して垂直であるものとする。また，重力の影響は考えない。

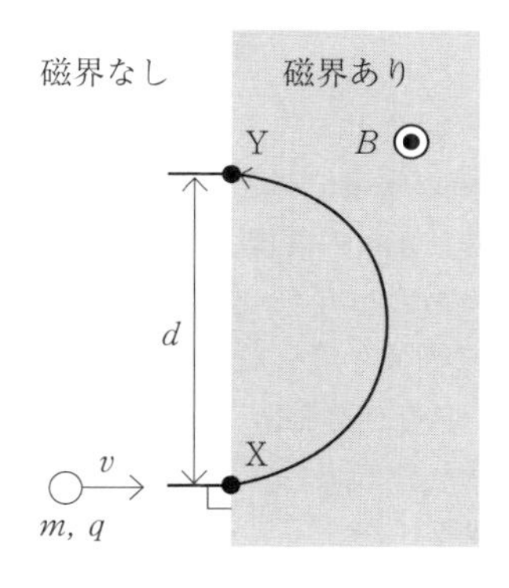

公式

ローレンツ力 $F = q$(電気量)B(磁束密度)v(速度)　※磁場と速度は垂直
向心力 $F = -mr\omega^2$ (中心へ向かう力)

より，本問題は磁界で受けるローレンツ力と回転運動による向心力が釣り合う。

$$qBv = -mr\omega^2 \tag{72.1}$$

ただし，式 (72.1) が成り立つためには電気量 q が負でなければならない。ここで式 (72.1) 中の角速度 ω は公式

ω (角速度) [rad] $= \dfrac{v}{r}$

を用いる。

$$qBv = -m\frac{v^2}{r} \tag{72.2}$$

また，半径 r は直径 d の $\frac{1}{2}$ であるため

$$qBv = -m\frac{v^2}{\frac{d}{2}} \tag{72.3}$$

となる。

式 (72.3) から回転運動の直径 d を導出する。

$$d = -\frac{2mv^2}{qB} \quad \text{答} \tag{72.4}$$

物・練習問題 13　　R4 国家一般職

磁束密度の大きさが B で鉛直上向きの一様な磁界中で，質量 m，長さ L，抵抗値 R の金属棒を，金属棒が水平になるように，2 本の同じ長さの軽い導線で水平な絶縁棒につり下げた。2 本の導線と金属棒は，形を保ったまま絶縁棒のまわりで自由に回転できるものとする。図のように，導線の上端を電圧 V の直流電源につないで金属棒に電流を流したところ，導線は鉛直方向から 30° 傾いて釣り合った。このとき，V を求めよ。

ただし，重力加速度の大きさを g とする。また，閉回路から発生する磁界の影響は無視できるものとする。

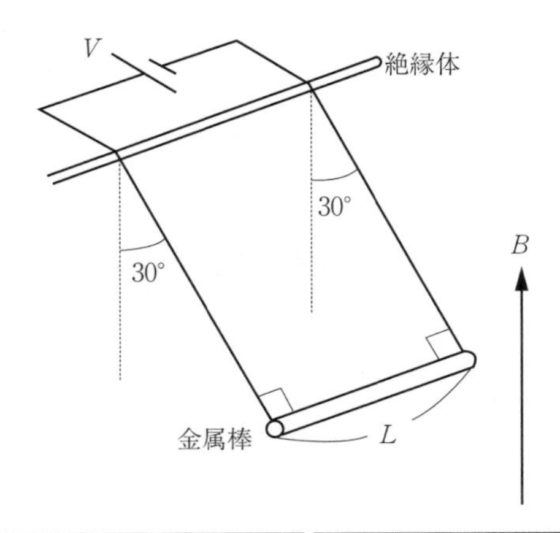

問題73

H26 国家一般職

静電容量がそれぞれ C，$2C$，$4C$ のコンデンサがある。これらのコンデンサに蓄えられる電気量がそれぞれ $3Q$，$2Q$，$2Q$ となるように充電し，図のように接続した。スイッチ S_1 および S_2 を閉じてから十分に時間が経過したとき，静電容量が C のコンデンサに蓄えられている電気量を求めよ。

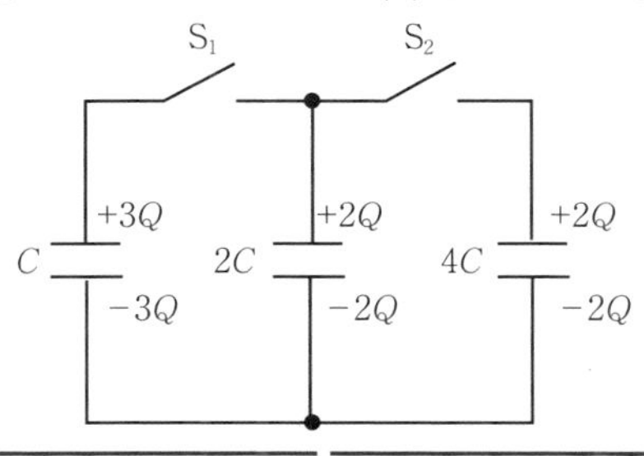

三つのコンデンサに蓄えられた電気量が合計で $7Q$ である。ここで公式

合成容量

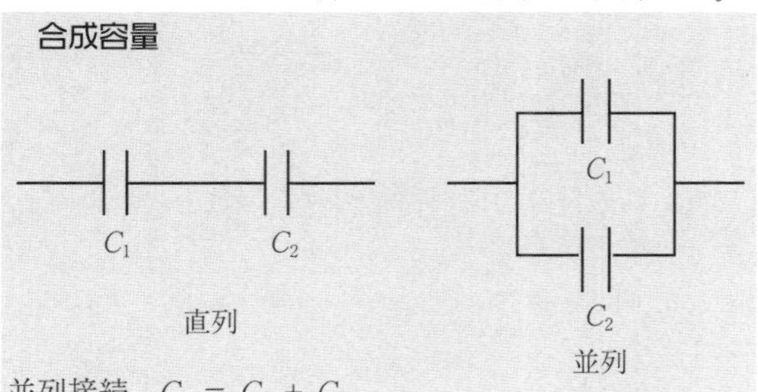

並列接続　$C_0 = C_1 + C_2$

より，回路のスイッチ S_1 および S_2 を閉じると各コンデンサは並列であるため合成容量は各電荷の容量を足し合わせる。次に，公式

電荷　Q(電気容量)[C] = C(電荷)[F]V(電圧)[V]

を参考にすると，電圧 V は同一であるため各コンデンサの静電容量の比率

$$C : 2C : 4C = 1 : 2 : 4 \tag{73.1}$$

の割合で電気量が分散する。よって，$C \rightarrow Q$，$2C \rightarrow 2Q$，$4C \rightarrow 4Q$ の電気量を帯びるため，静電容量 C のコンデンサに蓄えられる電気量は Q である。

問題74

H26 国家一般職

図のような回路において，電流 $I_1 + I_2$ の大きさを求めよ。

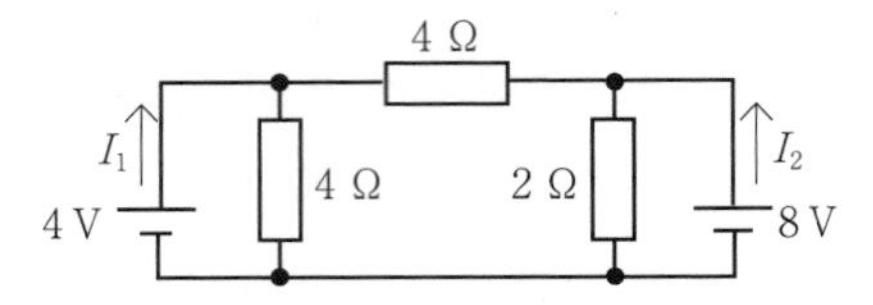

解答

本問題の回路について，公式

キルヒホッフの第1法則　任意の点において入ってくる電流の和と出ていく電流の和は等しい

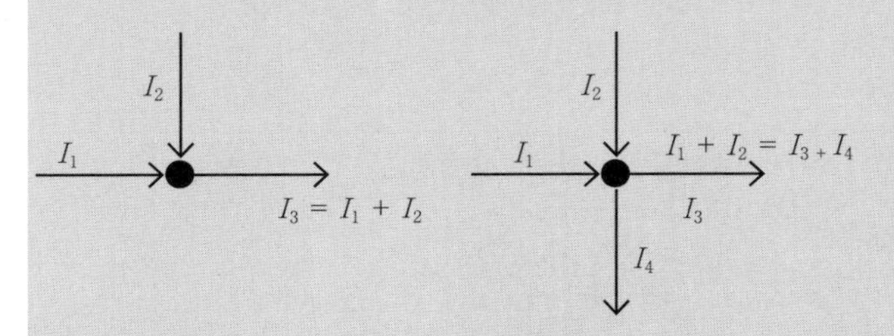

キルヒホッフの第2法則　電気回路の任意の閉回路における起電力の和は電圧降下の和に等しい

を適用するのに必要な情報を記入した下図を示す。

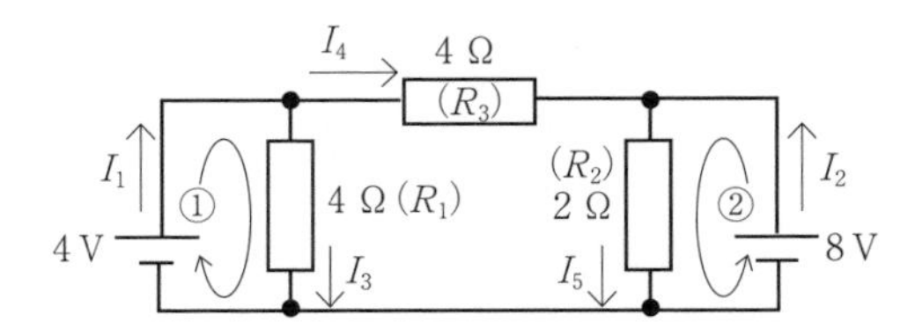

閉回路①や②を設定し，キルヒホッフの第1法則より電流 I_1 からの分岐を I_3, I_4，電流 I_2, I_4 との合流を I_5 とする。次に，キルヒホッフの第2法則に基づいて閉回路内の電気関係式を記述する。左側右回りの閉回路が①，右側左回り閉回路を②とする。

$$I_1 = I_3 + I_4 \tag{74.1}$$

$$I_5 = I_2 + I_4 \tag{74.2}$$

$$4[\mathrm{V}] = R_1 I_3 = 4[\Omega]I_3 \ ① \tag{74.3}$$

$$8[\mathrm{V}] = R_2 I_5 = 2[\Omega]I_5 \ ② \tag{74.4}$$

式 (74.1) を I_3 について導出し，式 (74.3) に代入する。また，式 (74.2) を式 (74.4) に代入する。

$$4[\mathrm{V}] = 4[\Omega]\ I_1 - 4[\Omega]I_4 \tag{74.5}$$

$$8[\mathrm{V}] = 2[\Omega]\ I_2 + 2[\Omega]I_4 \tag{74.6}$$

式 (74.5) および式 (74.6) について連列方程式を解く。

$$20[\mathrm{V}] = 4[\Omega](I_1 + I_2) \tag{74.7}$$

式 (74.7) より

$$I_1 + I_2 = \underline{5[\mathrm{A}]}\ \text{(答)} \tag{74.8}$$

を得る。

物・練習問題 14　　R4 国家一般職

図のような，電圧 V の直流電源，抵抗値がそれぞれ R_1，R_2 の抵抗，電気容量 C のコンデンサ，スイッチからなる回路がある。この回路のスイッチを閉じて十分に時間が経過したとき，コンデンサに蓄えられている電気量を求めよ。

なお，コンデンサに初め電荷は蓄えられていなかったものとする。

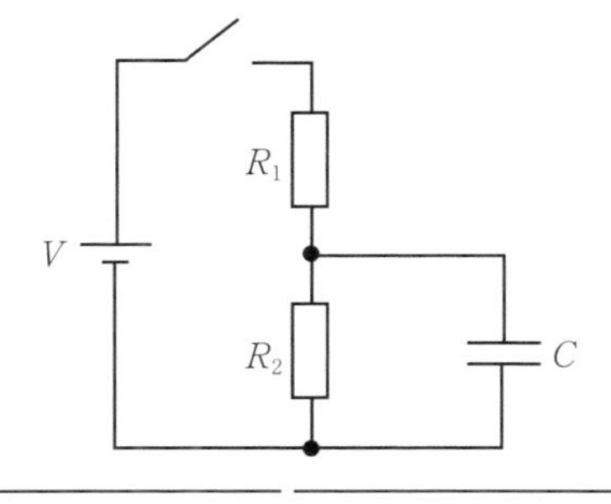

問題75

H26 国家一般職

図のように，xy 平面上に電気量 $-Q$ の点電荷 A，電気量 $2Q$ の点電荷 B，電気量 $-Q$ の点電荷 C が，それぞれ (0, 1)，(1, 1)，(1, 0) の位置に固定されている。原点 O に電気量 Q の点電荷を置いたとき，この点電荷が受けるクーロン力の合力の向きは㋐㋑㋒㋓のうちどれか。

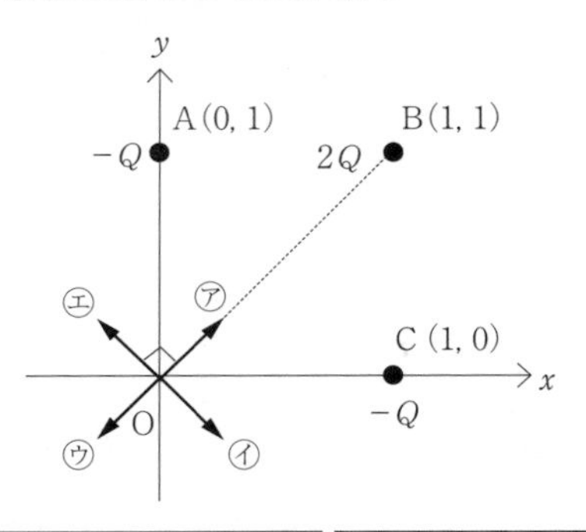

解答

本問題の点電荷 O，A，B，C の力関係を下図に表す。

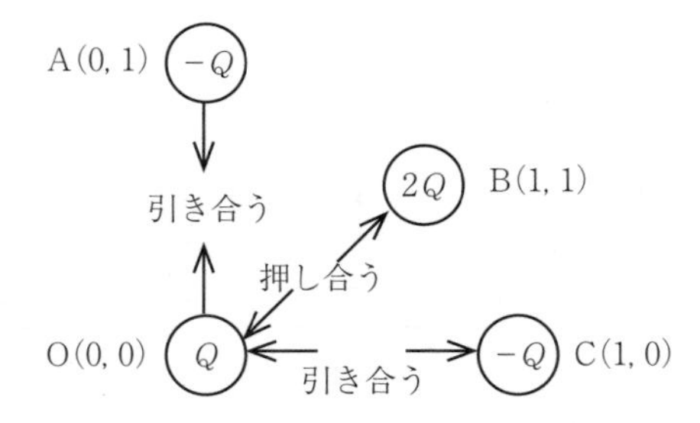

点電荷 O に対する点電荷 A，B，C，おのおのの力は公式

クーロンの法則　$E = \dfrac{1}{4\pi\varepsilon_0}\dfrac{q_1 q_2}{r^2} = k\dfrac{q_1 q_2}{r^2} = q_2 E[\mathrm{N}]$

より

$$F_{\mathrm{OA}} = k\frac{Q(-Q)}{1^2} = -kQ^2 \qquad (75.1)$$

$$F_{OB} = k\frac{Q\cdot 2Q}{\sqrt{2}^2} = kQ^2 \tag{75.2}$$

$$F_{OC} = k\frac{Q(-Q)}{1^2} = -kQ^2 \tag{75.3}$$

となる。次に，引力式 (75.1) および式 (75.3) の合力を求める。

$$|F_{OA+OC}| = \sqrt{F_{OA}{}^2 + F_{OC}{}^2} = \sqrt{(-kQ^2)^2 + (-kQ^2)^2} = \sqrt{2}\,kQ^2 \tag{75.4}$$

下図は反発力 F_{OB} と引力 F_{OA+OC} のベクトルを表す。

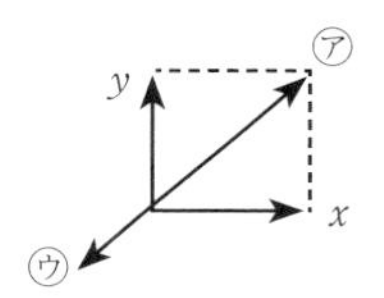

反発力 F_{OB} と引力 F_{OA+OB} は OB の同一線上ではあるが，反発力 F_{OB} は㋒の方向を，引力 F_{OA+OB} は㋐の方向を向いている。㋒の式 (75.2) と㋐の式 (75.4) の値を比較すると㋐の方が大きい ($|F_{OA+OC}| > |F_{OB}|$)。よって正解は㋐である。（答）

物・練習問題 15 R3 国家一般職

質量 m の二つの小球 A，B がそれぞれ長さ L の絶縁性の糸で天井の一点からつり下げられている。A に電気量 q_A ($q_A > 0$) の電荷を，B に電気量 q_B ($q_B > 0$) の電荷を与えたところ，図のように，A と B は，それぞれの糸が鉛直線と 45° をなして静止した。このとき，q_B を求めよ。ただし，クーロンの法則の比例定数を k，重力加速度の大きさを g とする。

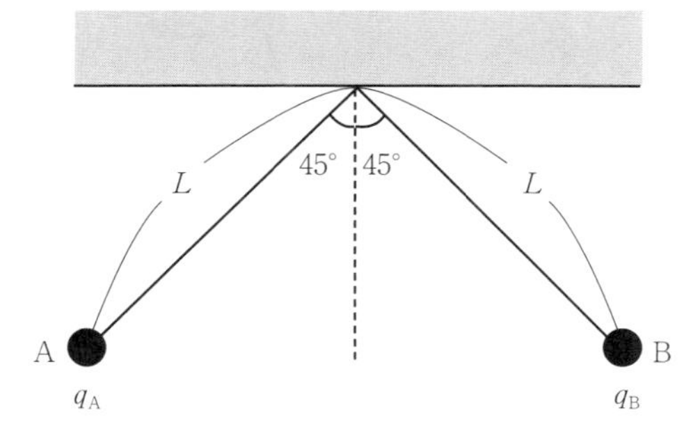

問題 76

H25 国家一般職

電磁力に関する次の記述の㋐，㋑に当てはまる内容を記述しなさい。

「図は，水平面上に平行に並べて固定した導電性のレールを上から見たものである。レールの下には，強力な磁石がN極を上にして固定されている。

レールをまたぐように置かれた導体の棒は，［　㋐　］の向きに動き出す。また，棒に働く力の大きさは，レールの間隔を広げると［　㋑　］。」

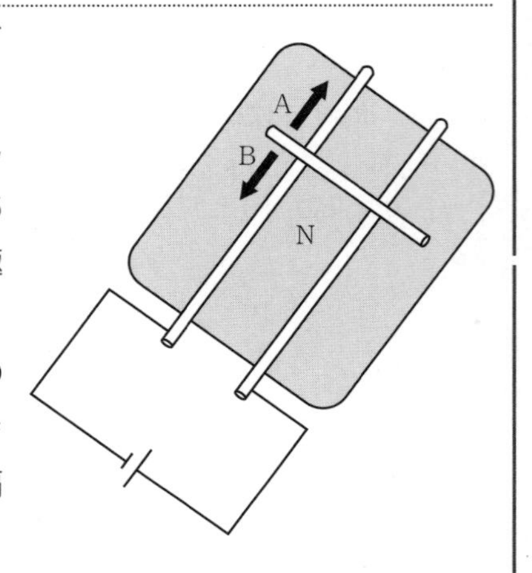

本問題の状況と公式のフレミングの左手の法則を比較した図を示す。

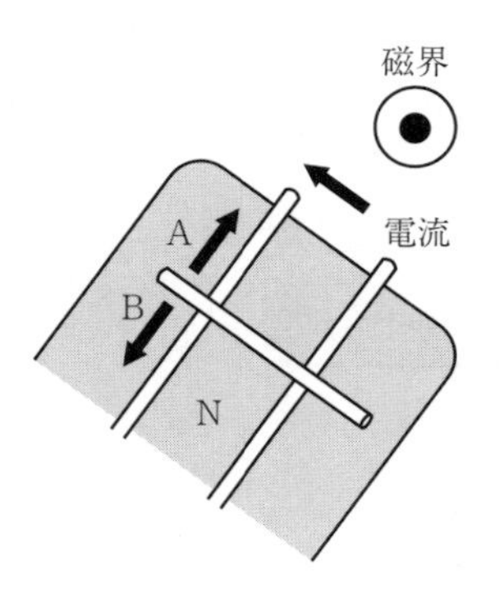

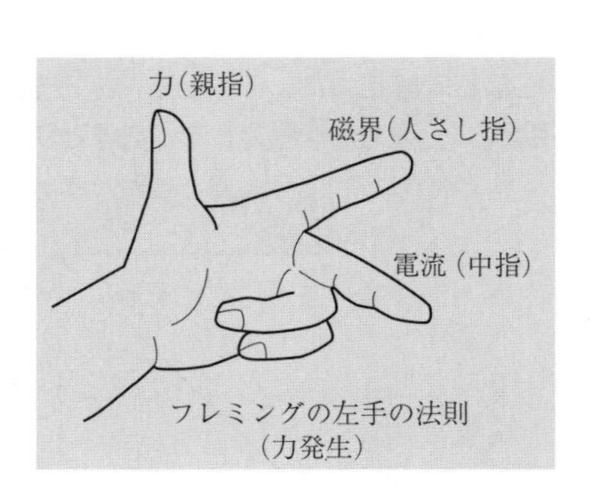

図中の円中黒丸は磁界が「奥から手前に向かう」ことを意味する。電流と磁界の向きにフレミングの左手の法則を当てると，導線は「A」の方向へ移動する。よって㋐「A」である。(答)

次に図中レールの間隔を広げると，「磁界に対して垂直方向に磁束を多く切ることができる」ため，レールの間隔を広げると棒に働く力は㋑「大きくなる」。(答)

問題77

H25 国家一般職

図のような，起電力 V の直流電源，抵抗値が R および $2R$ の抵抗，静電容量が C のコンデンサ，スイッチ S からなる回路がある。

この回路のスイッチ S を閉じて十分に時間が経過したとき，コンデンサに蓄えられている電気量はいくらか。

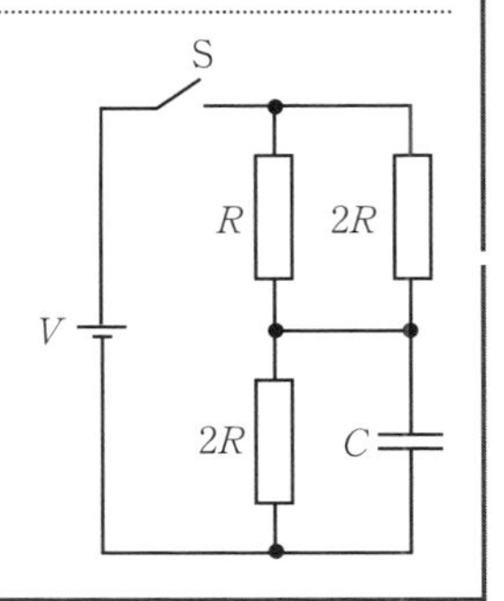

本問題を解く手順を下図に示す。

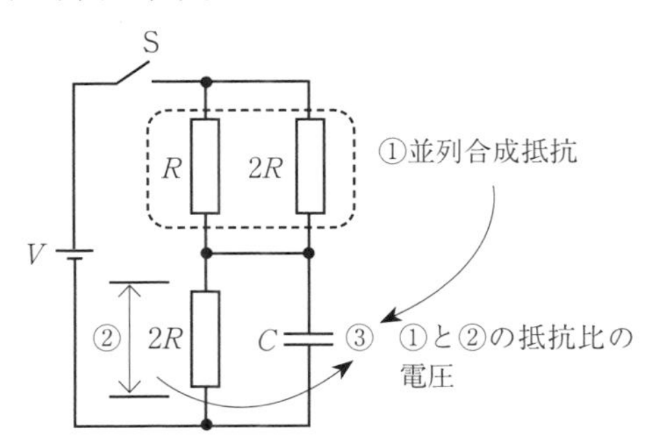

まず①の並列抵抗について合成抵抗を求める。公式

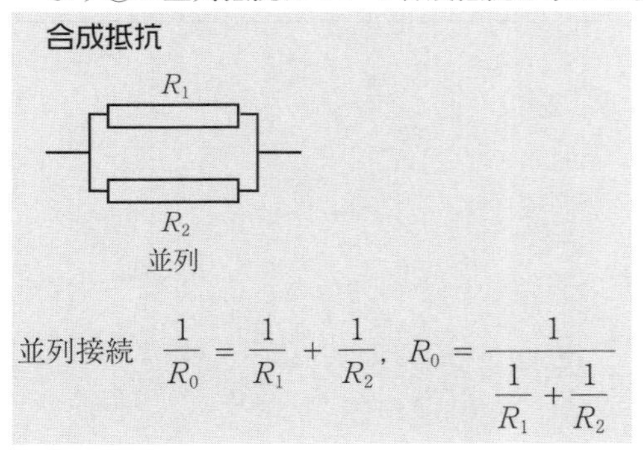

並列接続　$\dfrac{1}{R_0} = \dfrac{1}{R_1} + \dfrac{1}{R_2}$，$R_0 = \dfrac{1}{\dfrac{1}{R_1} + \dfrac{1}{R_2}}$

を用いて，本問題の並列回路の合成抵抗 $R_{①}$は

$$R_{①}=\frac{1}{\frac{1}{R_1}+\frac{1}{R_2}}=\frac{R_1R_2}{R_1+R_2}=\frac{R\times 2R}{R+2R}=\frac{2R^2}{3R}=\frac{2}{3}R\ [\Omega] \tag{77.1}$$

を得る。式 (77.1) の $R_{①}$と回路下側②の $2R$ を比較すると，②における電圧は

$$V_{②}=V\times\frac{2R}{\frac{2}{3}R+2R}=V\times\frac{2R}{\frac{8}{3}R}=\frac{3}{4}V \tag{77.2}$$

となる。次に回路下側のコンデンサ C ③は②と並列であるため，②と同じ電圧がかかる。よってコンデンサ C に蓄える電気量 $Q_{③}$は公式

電荷　Q(電気容量)[C] = C(電荷)[F] × V(電圧)[V]

より

$$Q_{③}=CV_{③}=CV_{②}=C\times\frac{3}{4}V=\underline{\frac{3}{4}CV} \text{（答）} \tag{77.3}$$

を得る。

物・練習問題 16　　R2 国家一般職

図のように，抵抗 R の抵抗を五つ用いて正四面体の回路を構成したとき，端子 AB 間の抵抗値を求めよ。

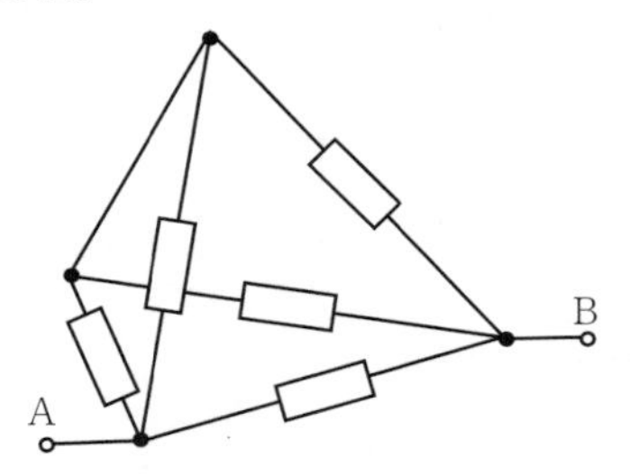

問題78

H25 国家一般職

空気中で質量 1.0×10^{-3}kg の小球 A を軽い絶縁体の糸でつるし，-3.0×10^{-7}C の電荷を与えた。正の電荷を与えて固定した小球 B から，水平方向に 1.0 m 離れた位置に小球 A を近付けたところ，図のように，A は釣り合って静止した。このとき，小球 B の電荷はおよそいくらか。

ただし，重力加速度の大きさを 10 m/s²，空気の誘電率を ε とし，$\dfrac{1}{4\pi\varepsilon} = 9.0 \times 10^9$ N·m²/C² とする。

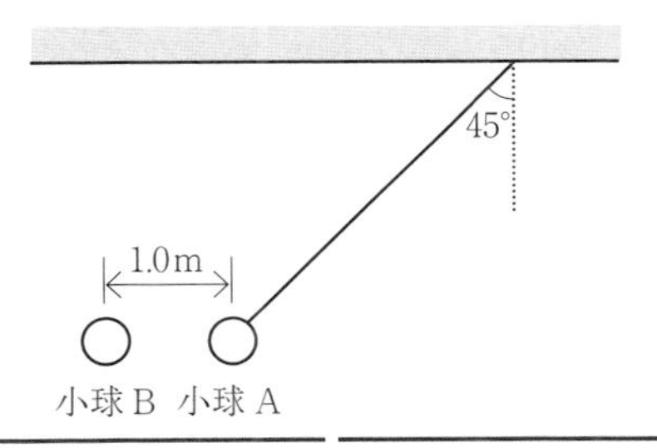

解答

本問題における静電力と重力および糸の張力との釣り合いをベクトルとして下図に示す。

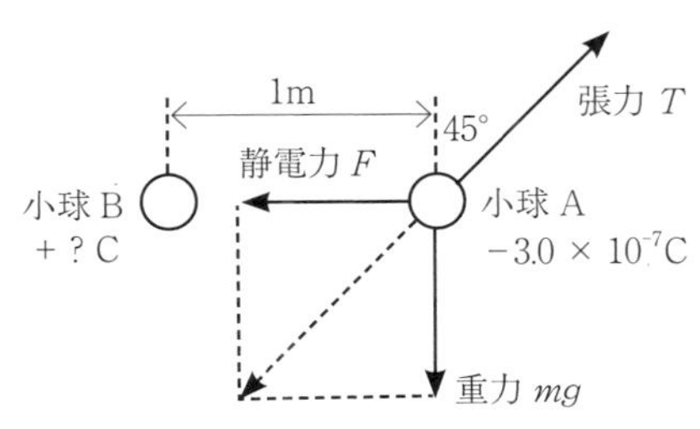

静電力は公式

クーロンの法則　$F = \dfrac{1}{4\pi\varepsilon_0}\dfrac{q_1 q_2}{r^2} = k\dfrac{q_1 q_2}{r^2} = q_2 E$[N]

を用いて

$$F = 9.0 \times 10^9\ [\mathrm{N \cdot m^2/C^2}] \times \frac{-3.0 \times 10^{-7}\ [\mathrm{C}] \times q_2}{1.0[\mathrm{m}]^2} \tag{78.1}$$

と入力する。式 (78.1) を小球 B の電荷 q_2 について導出する。

$$q_2 = \frac{1.0[\mathrm{m^2}] \times F}{-3.0 \times 10^{-7}[\mathrm{C}] \times 9.0 \times 10^9\ [\mathrm{N \cdot m^2/C^2}]} \tag{78.2}$$

式 (78.2) の静電力 F は上図より重力 mg と同じ大きさである。そこで，式 (78.2) に $F = mg$ を置換し，本問題の数値を代入する。

$$q_2 = \frac{1.0[\mathrm{m^2}] \times mg}{-3.0 \times 10^{-7}[\mathrm{C}] \times 9.0 \times 10^9\ [\mathrm{N \cdot m^2/C^2}]}$$

$$= \frac{1.0[\mathrm{m^2}] \times 1.0 \times 10^{-3}[\mathrm{kg}] \times 10[\mathrm{m/s^2}]}{-3.0 \times 10^{-7}[\mathrm{C}] \times 9.0 \times 10^9\ [\mathrm{N \cdot m^2/C^2}]} \fallingdotseq \underline{3.7 \times 10^{-6}[\mathrm{C}]}\ \text{答} \tag{78.3}$$

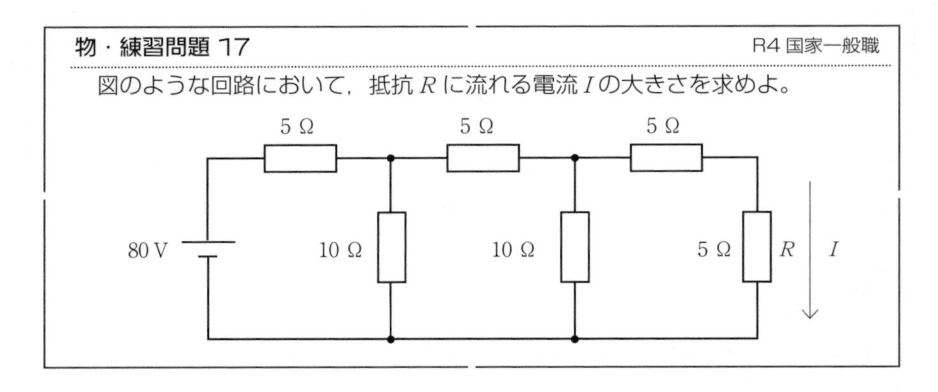

物・練習問題 17　　R4 国家一般職

図のような回路において，抵抗 R に流れる電流 I の大きさを求めよ。

問題79

H24 国家一般職

真空である xyz 空間上の点 (0, 0, 0) に，電気量 Q の点電荷が置かれており，このときの点 (2, 0, 0) における電界の大きさを E_0 とする。さらに，点 (3, 0, 0) にも電気量 $2Q$ の点電荷を置いた。このときの点 (2, 0, 0) における電界の大きさを求めよ。

本問題における点電荷の位置関係を下図に表す。

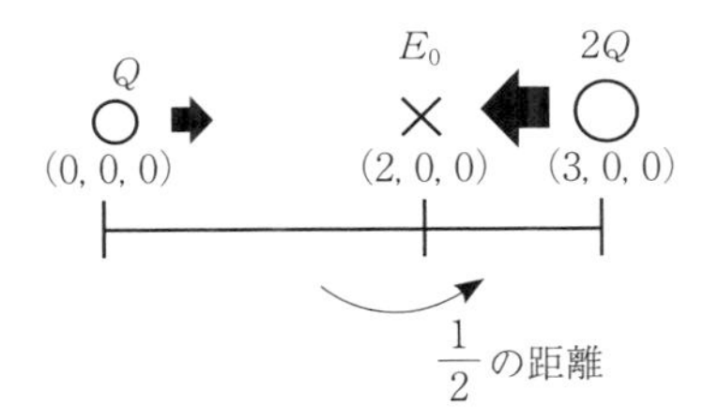

電界まわりの電場は公式

電界　$E(q_1\text{が作る電界}) = \dfrac{1}{4\pi\varepsilon_0}\dfrac{q_1}{r^2}$ [V/m]

を用いて

$$E = \frac{1}{4\pi\varepsilon_0}\frac{q_1}{r^2} = k(\text{定数})\frac{q_1}{r^2} \tag{79.1}$$

と表される。点 (0, 0, 0) の点電荷 Q と点 (3, 0, 0) の点電荷 $2Q$ について，式 (79.1) を基に比較すると

$$E_{(0,0,0)\to} = k\frac{Q}{2^2} = k\frac{Q}{4} \tag{79.2}$$

$$E_{(3,0,0)\to} = k\frac{2Q}{1^2} = k2Q \tag{79.3}$$

と求められる。$E_{(0,0,0)\to}$ は点 (0, 0, 0) の点電荷から点 (2, 0, 0) への電界強さを，$E_{(3,0,0)\to}$ は点 (3, 0, 0) の点電荷から点 (2, 0, 0) への電界強さを意味する。式 (79.2) と式 (79.3) を比較すると

$$E_{(3,0,0)\to} = 8E_{(0,0,0)\to} \tag{79.4}$$

である。本問題で示されるように $E_{(0,0,0)\to} = Q$ であることから

$$E_{(3,0,0)\to} = 8Q \tag{79.5}$$

である。本問題は点 (2, 0, 0) において $E_{(0,0,0)\to}$ と $E_{(3,0,0)\to}$ の影響がたがいに反対の向きに作用するので

$$8Q - Q = \underline{\underline{7Q}}\ \text{(答)} \tag{79.6}$$

を得る。

物・練習問題 18　　R4 国家一般職

図のように，屈折率が n の液体において液面から深さ D の位置にある小物体 P を，P の真上からわずかにずれた空気中の 1 点から見ると，光の屈折により，P が液面から深さ d の位置に浮き上がって見えた。このとき，D を求めよ。ただし，空気の屈折率を 1 とする。

なお，角度 θ が十分に小さいとき，$\tan\theta \cong \sin\theta$ が成り立つ。

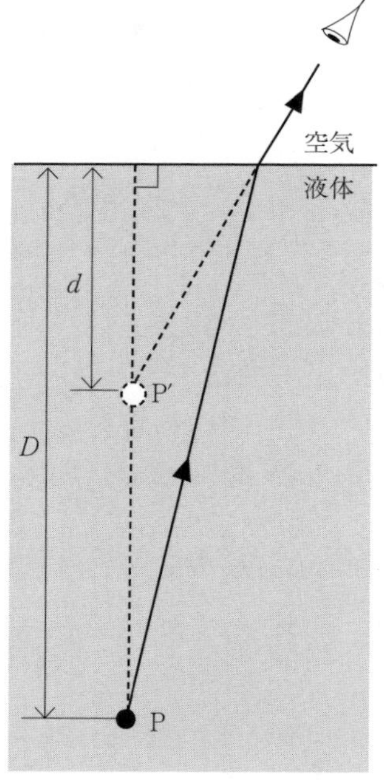

※基本問題に類題なし，公式あり

問 題 80

H24 国家一般職

断面積が一定で均質な材質でできた長さ 15 m の金属棒の両端に，電圧 E の直流電流を接続したところ，4 A の電流が流れた。

いま，この金属棒を長さ 5 m と 10 m の 2 本に切断し，この 2 本の金属棒の両端を，導線を用いて並列接続して，電圧 E の直流電源に接続したとき，電源から流れ出る電流はいくらか。

本問題における導線の切断イメージを下図に示す。

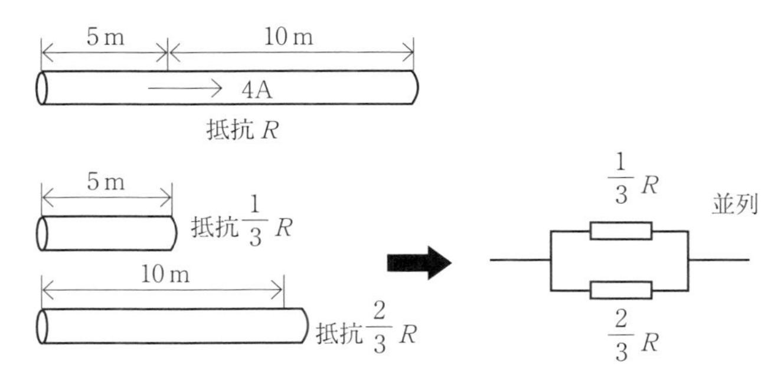

切断前の 15 m 棒の抵抗を R とする。抵抗は長さに比例することから，切断された 5 m 棒の抵抗は$\frac{1}{3}R$，10 m 棒の抵抗は$\frac{2}{3}R$となる。本問題はこれら 5 m 棒と 10m 棒の並列回路であることから合成抵抗は公式

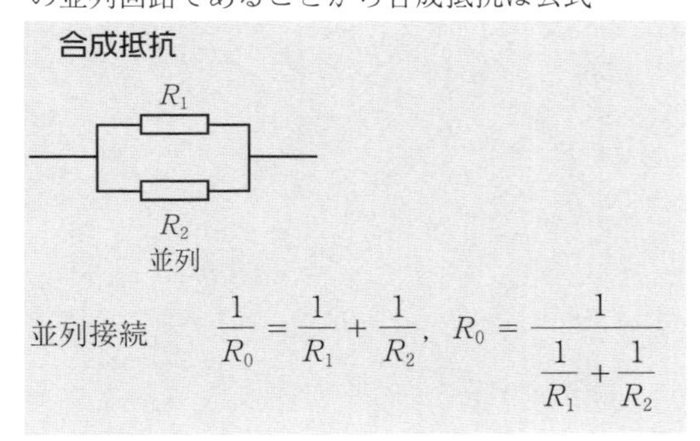

並列接続　$\frac{1}{R_0} = \frac{1}{R_1} + \frac{1}{R_2}$，$R_0 = \frac{1}{\frac{1}{R_1} + \frac{1}{R_2}}$

を用いて，本問題の並列回路の合成抵抗 $R_{5\mathrm{m}10\mathrm{m}}$ は

$$R_{5\mathrm{m}10\mathrm{m}} = \frac{1}{\dfrac{1}{R_1}+\dfrac{1}{R_2}} = \frac{R_1 R_2}{R_1 + R_2} = \frac{\dfrac{1}{3}R \times \dfrac{2}{3}R}{\dfrac{1}{3}R + \dfrac{2}{3}R} = \frac{\dfrac{2}{9}R^2}{R} = \frac{2}{9}R \quad (80.1)$$

を得る。ここで，公式

電気　$V[\mathrm{V}] = R(\text{抵抗})[\Omega]\cdot I(\text{電流})[\mathrm{A}]$

を用いて切断後の電源から流れ出る電流 I は

$$I = \frac{E}{R_{5\mathrm{m}10\mathrm{m}}} = \frac{E}{\dfrac{2}{9}R} = \frac{9E}{2R} \quad (80.2)$$

となる。ここで切断前の 15 m 棒の抵抗を R としたことから $\dfrac{E}{R} = 4[\mathrm{A}]$ である。よって式 (80.2) は

$$I = \frac{9E}{2R} = \frac{9}{2} \times 4[\mathrm{A}] = \underline{18[\mathrm{A}]} \quad (80.3)$$

(答)

を得る。

練習問題解答

数学

練習問題 1： $2\sqrt{2}$

練習問題 2： $\frac{12}{7}\sqrt{2}$

練習問題 3： $\frac{2}{3}$

練習問題 4： 2

練習問題 5： 3

練習問題 6： 15

練習問題 7： $\frac{1+2t}{3e^t}$

練習問題 8： 100

練習問題 9： 5

練習問題 10： $\begin{pmatrix} -\frac{1}{2} & \frac{\sqrt{3}}{2} \\ -\frac{\sqrt{3}}{2} & \frac{1}{2} \end{pmatrix}$

練習問題 11： $\frac{8}{81}$

練習問題 12： $\frac{3}{8}$

物理

練習問題 1： 360 Hz

練習問題 2： $m\sqrt{g^2+\left(\frac{F}{M+m}\right)^2}$

練習問題 3： $\frac{\sqrt{3}v^2}{g}$

練習問題 4： $V_0+\frac{2}{7}v$

練習問題 5： $\frac{F}{16}$

練習問題 6： $\pi\sqrt{\frac{m}{k}}$

練習問題 7： $\frac{\sqrt{2}}{2}$

練習問題 8： $\rho_B=\frac{5}{4}\rho$， $\alpha_B=\frac{1}{5}g$

練習問題 9： 8.0 倍

練習問題 10： ㋐ 600 J， ㋑ 124 s

練習問題 11： 2 V

練習問題 12： 5×10^{-5} C

練習問題 13： $\frac{\sqrt{3}mgR}{3BL}$

練習問題 14： $\frac{R_1}{R_1+R_2}CV$

練習問題 15： $\frac{2L^2mg}{kq_A}$

練習問題 16： $\frac{R}{2}$

練習問題 17： 2 A

練習問題 18： nd

―― 著 者 略 歴 ――

1991年　弓削商船高等専門学校機関学科卒業
1994年　豊橋技術科学大学工学部生産システム工学課程卒業
1996年　防衛庁入庁
1999年　防衛大学校理工学研究科修士課程修了
2003年　博士（工学）（慶應義塾大学）
2007年　舞鶴工業高等専門学校准教授
2010年　広島工業大学准教授
2019年　大阪産業大学教授
　　　　現在に至る

工学につながる数学・物理入門演習
―技術系公務員 工学の基礎―

2024年1月15日　初版第1刷発行

検印省略

著　者　土井正好
発行者　株式会社　コロナ社
　　　　代表者　牛来真也
印刷所　壮光舎印刷株式会社
製本所　株式会社　グリーン

112-0011　東京都文京区千石4-46-10
発行所　株式会社　コロナ社
CORONA PUBLISHING CO., LTD.
Tokyo Japan
振替00140-8-14844・電話(03)3941-3131(代)
ホームページ　https://www.coronasha.co.jp

ISBN 978-4-339-06131-4　C3041　Printed in Japan　（新井）I